高等院校计算机技术"十二五"规划教材

Access 数据库基础

（第二版）

陈恭和　主编

岳丽华　主审

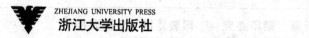

浙江大学出版社

内容简介

本书是按照教育部高等教育司组织制订的《普通高等学校文科类专业计算机基础课程教学基本要求(2011年版)》的要求编写的教材,本书以 Microsoft Access 2007 关系型数据库为背景,介绍数据库基本概念,并结合 Access 2007 学习数据库的建立、维护及管理,掌握数据库设计的步骤和 SQL 查询语言的使用方法。并且配合 VBA,讲述了软件设计的基本思想和算法,训练学生程序设计、分析和调试的基本技能,并能够与数据库系统相融合,学习常用经济管理类应用软件的开发过程与设计技巧。本书以应用为目的,以案例为引导,结合管理信息系统和数据库基本知识,使学生可以参照教材提供的讲解和实验,尽快掌握 Access 软件的基本功能和操作,能够学以致用地完成小型管理信息系统的建设。

本书适合作为普通高等学校计算机基础课系列教材,还可供相关培训班作为教材或参考书。

图书在版编目（CIP）数据

Access 数据库基础 / 陈恭和主编. —2 版. —杭州：
浙江大学出版社，2012.8
ISBN 978-7-308-10253-7

Ⅰ.①A… Ⅱ.①陈… Ⅲ.①关系数据库－数据库管理系统－高等学校－教材 Ⅳ.①TP311.138

中国版本图书馆 CIP 数据核字（2012）第 159123 号

Access 数据库基础（第二版）

陈恭和　主编
岳丽华　主审

责任编辑	吴昌雷
封面设计	俞亚彤
出版发行	浙江大学出版社
	（杭州市天目山路 148 号　邮政编码 310007）
	（网址：http://www.zjupress.com）
排　版	杭州中大图文设计有限公司
印　刷	杭州杭新印务有限公司
开　本	787mm×1092mm　1/16
印　张	18
字　数	426 千
版印次	2012 年 8 月第 2 版　2012 年 8 月第 6 次印刷
书　号	ISBN 978-7-308-10253-7
定　价	36.00 元

高等院校计算机技术"十二五"规划教材编委会

序　言

在人类进入信息社会的 21 世纪,信息作为重要的开发性资源,与材料、能源共同构成了社会物质生活的三大资源。信息产业的发展水平已成为衡量一个国家现代化水平与综合国力的重要标志。随着各行各业信息化进程的不断加速,计算机应用技术作为信息产业基石的地位和作用得到普遍重视。一方面,高等教育中,以计算机技术为核心的信息技术已成为很多专业课教学内容的有机组成部分,计算机应用能力成为衡量大学生业务素质与能力的标志之一;另一方面,初等教育中信息技术课程的普及,使高校新生的计算机基本知识起点有所提高。因此,高校中的计算机基础教学课程如何有别于计算机专业课程,体现分层、分类的特点,突出不同专业对计算机应用需求的多样性,已成为高校计算机基础教学改革的重要内容。

浙江大学出版社及时把握时机,根据 2005 年教育部"非计算机专业计算机基础课程指导分委员会"发布的"关于进一步加强高等学校计算机基础教学的几点意见"以及"高等学校非计算机专业计算机基础课程教学基本要求",针对"大学计算机基础"、"计算机程序设计基础"、"计算机硬件技术基础"、"数据库技术及应用"、"多媒体技术及应用"、"网络技术与应用"六门核心课程,组织编写了大学计算机基础教学的系列教材。

该系列教材编委会由国内计算机领域的院士与知名专家、教授组成,并且邀请了部分全国知名的计算机教育领域专家担任主审。浙江大学计算机学院各专业课程负责人、知名教授与博导牵头,组织有丰富教学经验和教材编写经验的教师参与了对教材大纲以及教材的编写工作。

该系列教材注重基本概念的介绍,在教材的整体框架设计上强调针对不同专业群体,体现不同专业类别的需求,突出计算机基础教学的应用性。同时,充分考虑了不同层次学校在人才培养目标上的差异,针对各门课程设计了面向不同对象的教材。除主教材外,还配有必要的配套实验教材、问题解答。教材内容丰富,体例新颖,通俗易懂,反映了作者们对大学计算机基础教学的最新探索与研究成果。

希望该系列教材的出版能有力地推动高校计算机基础教学课程内容的改革与发展,推动大学计算机基础教学的探索和创新,为计算机基础教学带来新的活力。

中国工程院院士
中国科学院计算技术研究所所长
浙江大学计算机学院院长

第 1 版前言

计算机和网络技术的飞速发展,使当今社会进入了信息时代。因此普通高校计算机系列课程应围绕着重培养学生的信息分析与信息管理、应用的素养与能力这一中心思想进行安排和设计,以使学生能够运用系统的方法,以计算机、数据库和通信网络技术为工具,进行信息的收集、存储、加工和分析,为管理决策提供服务。数据库是完成计算机文化基础课程之后的一门重点课程。

Microsoft 公司的 Microsoft Access 关系型数据库管理系统是微软办公自动化软件 Office 中的一个组成部分,可以有效地组织、管理和共享数据库的信息;并且由于数据库信息与 Web 结合在一起,为在局域网和互联网共享数据库的信息奠定了基础;同时,Access 概念清楚、简单易学、功能完备,不仅成为初学者的首选,也被越来越广泛地运用于开发各类管理软件。

全书共分 12 章,主要内容包括 Access 的基本功能,数据库基本原理,对象的概念,数据库、表、查询、窗体、报表、宏和模块等的建立、使用和应用,VBA 基础知识与 VBA 的应用,Access 的网络特性等。最后通过开发一个信息管理系统示例库,不仅介绍了 Access 的主要功能,而且为读者自行开发管理系统提供了一个切实可行的模板。

本书自始至终贯穿一个"音像店管理信息系统"的实例,从表的建立开始到数据库的安全,渐进式地构造了一个完整的系统。每部分都理论联系实例,条理清楚、概念明确、注重实际操作技能,关键部分都给读者留有实习作业,以便进一步掌握书中的内容。

本书是根据教育部高等教育司组织制订的《高等学校文科类专业大学计算机教学基本要求》,以 Microsoft Access 2003 数据库系统为背景而编写的。本书以应用为目的,以案例为引导,结合管理信息系统和数据库基本知识,力求避免术语的枯燥讲解和操作的简单堆砌,使学生可以参照教材提供的讲解和实验,尽快掌握 Access 软件的基本功能和操作,学以致用地完成小型管理信息系统的建设。

本书适合作为普通高等学校计算机基础课程系列教材,还可作为相关培训班教材或参考书。参加本书编写的都是长期从事计算机教育的一线教师,具有丰富的教学经验。本书由陈恭和主编,第 1 章到第 5 章及第 12 章由陈恭和编写,其余章节由刘瑞林编写,王娟娟和汪燕青编写部分习题,全书由陈恭和统稿。

限于作者水平,书中难免会有错误或不妥之处,敬请读者批评指正。

编者邮箱地址:ghchen@uibe.edu.cn

编　者

2006 年 12 月

第 2 版前言

本书再版时，保持了第 1 版的内容丰富、结构完整、深入浅出，具有很强的可读性、可操作性的特点，并吸纳众多师生的宝贵建议和意见。在结构和案例数据库与第 1 版基本一致的基础上，以 Microsoft Access 2007 关系型数据库为背景，针对 Access 2007 的新的观念、功能和界面，对全书内容做了较大的修改和调整。比如，全新的用户界面带来的操作的变化，分割窗体、多值字段、布局视图、附件类型等概念的含义和用法做了清晰和适当的解释。同时也删除了 Access 2007 不再支持的页对象等相关内容。

本书适合作为普通高等学校文科专业的计算机系列教材，尤其是财经管理类专业的教材，建议采用 36 课时（包括上机）。如采用 36 课时，可以不包括 VBA 部分的内容。本书还可供相关培训班作为教材或参考书。本书由陈恭和组织修订。

限于作者水平，书中难免会有错误或不妥之处，敬请读者批评指正。

编　者

2012 年 6 月

目　录

第 1 章

Access 数据库系统概述

在当今信息社会中,信息已经成为各个行业、部门的重要财富和资源,越来越显示出信息系统和信息管理的重要性,信息系统成为企业或一个部门生存和发展的必要条件。数据库是数据管理的主要技术,是计算机科学的重要分支。数据库技术作为信息系统的核心技术和基础,正被越来越广泛地应用。

Access 是 Microsoft 公司推出的 Office 软件包中的数据库软件。Access 以强大的功能、简而易学的操作,为用户进行信息管理提供了一个理想的环境。Access 的版本在不断更新,本书将以 2007 版为蓝本,讲述数据库的技术和应用。

【本章要点】
- 什么是数据库
- 表、记录和字段之间的关系
- 如何启动和退出 Access
- Access 数据库的组成
- 应用 Access 时如何获取帮助

1.1 初步了解数据库

数据库技术产生于 20 世纪 60 年代末 70 年代初,它的主要目的是有效地存取和管理大量数据资源。在计算机系统的应用中,数据处理和以数据处理为基础的信息系统所占的比重最大。可以这样说:人类的一切活动都离不开数据,离不开信息。

为了更好地理解数据库系统,下面先介绍几个常用的概念。

1.1.1 数据和信息

1.数据

数据(Data)是指存储在某一媒体上可加以鉴别的符号资料,这些媒体可以包括纸、磁盘、磁带、光盘等种类。注意符号不仅指数字、字母、文字和其他特殊字符,还包括图形、图像、动画、影像、声音等多媒体数据(图 1.1)。

图 1.1   数据的不同形式

数据的概念包括以下两部分。

(1)数据是存储在某一媒体上可加以鉴别的符号的集合。例如,记录学生情况的数据库中,描述某个学生的记录(20039910006,孙甜,男,信息管理,2,64492222)等就是数据。

(2)数据内容反映或描述了事物的特性。例如,对学生的描述:学号、姓名、性别、专业、班级、电话等。

2. 信息

信息(Information)是来自于现实世界事物的存在方式或运动形态的集合,信息是人们经过加工的数据,是人们进行各种活动所需要的知识。比如对学生数据进行分类,得到各学院的人数小计,那么关于学生的数据就成为有用的信息了。

3. 数据与信息的关系

数据是承载信息的物理符号,或称为载体。信息是人们经过加工之后所得到的数据,数据和信息的关系就如同是铁矿和钢材的关系,都是经过加工产生的结果。一个部门领导要求职工在纸上写下他们的年龄。纸上只有含义简单的数据,然而部门领导可以对这些数据分类汇总,获得有用的信息。他能够以此确定超过 50 岁的职工有多少、职工平均年龄是多少,最年轻的职工年龄是多少,等等。

4. 数据处理

对数据的处理过程就是将数据转换成信息的过程。人们经常使用"信息处理"这个词汇,实际上,它的真正含义是为了产生信息而处理数据。对数据的收集、存储、加工、分类、检索、传播等一系列活动都包括在数据处理范畴之内。例如,给出一个学生的学号后,便可以从学生的基本情况(学号、姓名、性别、专业、班级、电话、照片等)、学生成绩、学校所设专业和课程设置等数据中查找出这名学生的姓名、专业、考试成绩等信息。这个过程就是对数据的处理过程。

1.1.2　计算机数据管理的发展

计算机对数据的管理技术随着计算机硬件尤其是外存技术、软件技术和计算机应用范围的发展而不断进步,它的发展历史大致划分成以下几个阶段:

1. 人工管理阶段

数据与处理数据的程序密切相关,不互相独立。数据不做长期保存,依附于计算机程序或软件(图 1.2)。

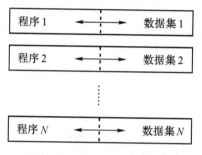

图 1.2　数据的人工管理模型

2. 文件系统阶段

程序与数据有了一定的独立性,程序和数据分开存储,具有程序文件和数据文件的各自属性。数据文件可以长期保存,但数据冗余度大。缺乏数据独立性,不能集中管理数据(图 1.3)。

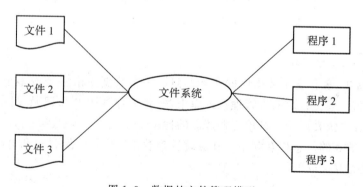

图 1.3　数据的文件管理模型

3. 数据库系统阶段

在数据库系统所有数据采用数据库的形式进行组织和管理,基本实现了数据共享,减少了数据冗余。由于采用特定的数据模型,因此具有较高的数据独立性,有统一的数据控制和管理功能(图 1.4)。

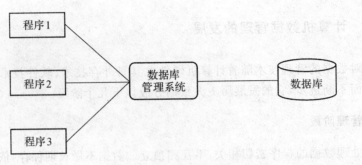

图 1.4　数据库管理模型

1.1.3　什么是数据库

1. 数据库的基本概念

数据库(Database)是以一定的组织形式存放在计算机存储介质上的相互关联的数据的集合,简单来说就是相关信息的集合。例如,医院搜集了每个员工的姓名、所在科室、地址、电话等信息,这些员工记录就形成了一个简单的数据库。当医院收集了医生、病人和救治情况等信息时,就可以组成一个医院管理数据库。

如果数据量比较小,内容简单,比如个人通讯录,就可以人工管理这些信息。在这种情况下,用户可以运用传统的管理方法,比如卡片文件,或仅仅在纸上列出一个清单。然而,随着数据库规模的增大,数据管理的任务也随之变得更加艰巨。例如,要通过手工方法管理一个大公司的客户数据库事实上是不可能的。需要依赖计算机和数据库管理系统(Database Management System,DBMS)管理数据库,来替代手工操作。

一个数据库由一个或多个表组成,一个表包含山若卜个字段组成的记录。

2. 表(Table)

在 Access 中,表包含了数据库的实际信息。一个数据库由一个或多个表组成,分别保存不同的信息。例如,在销售管理数据库中,一张表保存了产品记录,另一张表列出所有的订单,还有一张表记录了订单订购产品的情况。

数据库中的表的信息相互联系。在医院管理数据库中,产品、订单和订购产品这三张表中的信息是相互关联的。

3. 记录(Record)

一条记录就是一组简单的信息,一张表由多个记录组成。例如,在产品表中包含了公司的所有产品信息,那么一条记录就是关于其中某一个产品的具体信息。有时候,记录也被称作行,因为在一张表内,Access 以行的形式显示每一条记录(图 1.5)。

字段	产品ID	产品名称	供应商	类别	单位数量	单价	库存量	记录
	1	苹果汁	佳佳乐	饮料	每箱24瓶	￥18.00	39	
	2	牛奶	佳佳乐	饮料	每箱24瓶	￥19.00	17	
	3	蕃茄酱	佳佳乐	调味品	每箱12瓶	￥10.00	13	
	4	盐	康富食品	调味品	每箱12瓶	￥22.00	53	
	5	麻油	康富食品	调味品	每箱12瓶	￥21.35	0	
	6	酱油	妙生	调味品	每箱12瓶	￥25.00	120	
	7	海鲜粉	妙生	特制品	每箱30盒	￥30.00	15	
	8	胡椒粉	妙生	调味品	每箱30盒	￥40.00	6	
	9	鸡	为全	肉/家禽	每袋500克	￥97.00	29	
	10	蟹	为全	海鲜	每袋500克	￥31.00	31	

图 1.5 表的示例

4. 字段(Field)

记录是由字段组成的。字段是数据库中表示信息的最小单元。例如,在产品表中,各条记录由独立的字段(产品 ID、产品名称、供应商等)组成。图 1.6 表明了字段、记录、表和数据库之间的关系。字段有时候也被称之为列,因为在"数据表"视图下查看数据时,Access 在表中以列的方式来显示每一个字段。

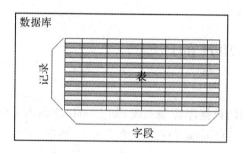

图 1.6 字段、记录、表和数据库之间的关系

1.1.4 数据库管理系统

在收集选择出一个系统所需要的数据之后,如何科学地组织并存储在数据库中,又如何高效地处理这些数据呢? 这个任务就交给一个软件系统——数据库管理系统。

1. 数据库管理系统

数据库管理系统是位于用户与计算机的操作系统之间的一层数据管理软件,它负责建立、使用和维护数据库。数据库管理系统使用户能方便地定义数据和操纵数据,并对数据库进行统一的管理和控制,以保证数据库的安全性和完整性。它提供多种功能,可使多个应用程序和用户用不同的方法在同时或不同时刻去建立,修改和询问数据库,以及进行多用户下的并发控制和发生错误后的系统恢复。

目前有许多数据库管理系统,如 Oracle、Sybase、Informix、Microsoft SQL Server、

Microsoft Access、Visual FoxPro 等产品，各具特色。

2. 数据库管理系统的基本功能

（1）数据库的定义功能

DBMS 提供数据定义语言（Data Description Language，DDL），用于对数据模式进行具体的描述。例如，定义学生表由哪些字段组成等。

（2）数据操纵功能

DBMS 提供数据操纵语言（Data Manipulation Language，DML），实现对数据库中的数据追加、插入、修改、删除、检索等操作。例如，在学生表中添加学生记录等。

（3）数据库运行控制功能

数据库运行控制包括对数据的完整性控制、数据库的并发操作控制、数据的安全性控制、数据库的恢复，以确保数据正确有效。例如，为学生数据库设置访问密码等。

（4）数据字典

数据字典（Data Dictionary）中存放着对实际数据库各级模式所作的定义，也就是说是对数据库结构的描述。这些数据是数据库系统中有关数据的数据，称为元数据（Metadata），例如，字典包括表中字段的名字、数据类型，等等。

1.2　了解 Access 2007 的环境

Access 与许多常用的数据库管理系统，如 Oracle、FoxPro、SQL Server 等一样，是一种关系数据库管理系统。它可以管理从简单的文本、数字、字符到复杂的图片、动画、音频等各种类型的数据。在 Access 中，可以构造应用程序来存储和归档数据；并可使用多种方式进行数据的筛选、分类和查询。还可以通过显示在屏幕上的窗体来查看数据；或者生成报表将数据按一定的格式打印出来。

作为 Microsoft Office 2007 套件的成员，Access 2007 的使用界面与 Word 2007、Excel 2007 的风格相同，但是与低于 2007 版本的 Access 有较大的差别。在 Access 2007 中编辑数据库对象就像在 Word 中编辑文档、Excel 里编辑数据表一样方便。当然，由于各自的设计目标不同，其功能、界面和使用方法等也会有所差别，表现在于每一种软件有其专用的工具按钮或版式。

1.2.1　启动 Access

Access 可以像启动许多其他 Windows 程序一样来启动，操作步骤如下。

①单击"开始"菜单。

②在"程序"子菜单中单击"Microsoft Access 2007"，进入 Access 2007 的初始窗口。

在 Access 2007 的初始窗口（图 1.7）的左侧是模板类型选项，中部提供创建空白数据库和通过特色联机模板创建数据库,右侧列出最近打开的数据库列表。在初始窗口中,可以方便地打开已有的数据库,或创建新的数据库。

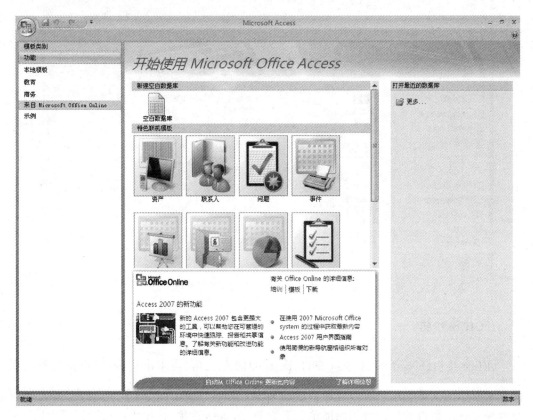

图 1.7　Access 2007 初始窗口

1.2.2　Access 2007 数据库窗口界面

Access 2007 数据库文件的扩展名是".accdb"。Access 2007 之前的版本的数据库扩展名是".mdb"。在"我的电脑"或"资源管理器"的文件夹中,利用 Windows 提供的关联属性,双击扩展名为".accdb"或".mdb"的 Access 数据库文件,即图标是 📄 的文件,就可以运行 Access 2007,并打开该数据库(图 1.8)。

从图 1.8 中可以看到,数据库窗口由 Office 按钮、快速访问工具栏、标题栏、功能区、导航窗格、对象列表等部分组成。在窗口的标题栏含有所打开的数据库名,功能区在窗口的顶部,导航窗格位于数据库窗口左侧,罗列 Access 数据库的表、查询、窗体、报表、宏和模块等的对象列表。而打开的数据库对象占据窗口的大部分区域。

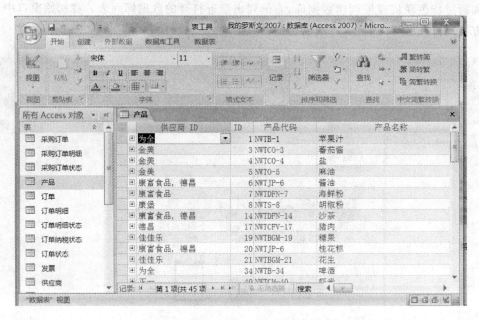

图 1.8　Access 窗口中的数据库窗口

1. Office 按钮

Office 按钮  位于 Access 窗口（图 1.8）的左上角，当单击这个按钮，就会弹出如图 1.9 所示的菜单。用户可以选择合适的命令，例如，"新建"，"打开"，"保存"等。在窗口右侧罗列出最近使用的数据库清单。下方的"Access 选项"按钮可以设置程序选项。

操作：单击"退出 Access"按钮，或双击"Office 按钮"，可以退出 Access 程序。

图 1.9　Office 按钮

2. 快速访问工具栏

快速访问工具栏 ▮▮▮▮▮▮▮ 位于"Office"按钮的右侧(图 1.8)。通过快速访问工具栏,可以快速访问经常用到的命令,如保存、撤销等。

3. 标题栏

标题栏位于窗口的最上方(图 1.8),标题栏显示当前打开的数据库的名称。

4. 功能区

功能区(图 1.10)在 Access 主窗口标题栏的下方,是一系列选项卡的集合。它取代 Access 以前版本的菜单和工具栏,可以帮助用户快速找到需要的命令。在功能区中,命令按钮按功能分组排列,在不同的选项卡下面的功能区的内容各不相同。图 1.10 所示的是"开始"选项卡的内容,命令按钮按功能分成"视图"、"剪切板"、"字体"、"格式文本"、"记录"组等。

图 1.10　功能区

操作:右击功能区,在弹出的快捷菜单中选择"功能区最小化",将功能区折叠,只显示选项卡。再次右击功能区,在弹出的快捷菜单中选择"功能区最小化",恢复展开的显示方式。

5. 导航窗格

导航窗格(图 1.11)位于窗口的左侧(图 1.8)。通过导航窗格,可以访问数据库的各种对象,包括:表、窗体、报表,以及其他的数据库组成部分。用户可以通过导航窗格打开数据库对象并进行操作。

操作:单击导航窗格右上方的小箭头,即可弹出"浏览类别"菜单(图 1.11),用户可以选择导航窗格中罗列的内容。

选择按"对象类型"进行查看时,各种数据库对象进行分类。各种数据库对象就会分类显示。

6. Access 工作区

Access 工作区位于导航窗格右边的大片区域(图 1.8)。当打开或设计对象时,相应的窗口显示在 Access 工作区中,在工作区可以同时打开多个对象。

7. 帮助按钮

帮助按钮 位于窗口的右上方(图 1.8)。单击"帮助"按钮之后,出现"Access 帮助"对话框(图 1.12)。用户可以在"搜索"输入框输入关键字,也可以输入自然语言,就可以找到相关的帮助内容。帮助信息可以来自本机或在线搜索。

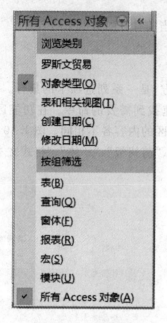

图 1.11 导航窗格   图 1.12 "Access 帮助"对话框

8. 对象关闭按钮

对象关闭按钮 位于 Access 工作区的右上角(图 1.8),用于关闭在 Access 工作区中的对象。

1.2.3 退出 Access

可以像退出其他 Windows 应用程序一样,采用以下任意一种方法退出 Access。

(1)单击 Access 窗口左上角的 Office 按钮 ,单击"退出 Access"按钮。

(2)单击 Access 窗口右上角的"关闭"按钮。

(3)双击"Office 按钮"。

(4)按"Alt"+"F4"。

不管选择哪种方式退出 Access,结果都是相同的。如果有未存盘的文件,Access 会询问是否保存该文件,随后关闭程序窗口,并返回到 Windows。

1.2.4　Access 2007 的工作环境和安装

Access 2007 的安装方法与 Microsoft 公司的其他软件相同。将 Office 2007 的安装盘放入光驱之后，一般情况下，安装程序可以自动启动，按照屏幕的提示，可以很容易地完成安装。

需要指出，通常安装程序按典型方式安装，如果硬盘足够大，建议采用完全方式安装。否则在运行 Access 2007 时，会遇到由于某些功能未安装，要求用户补充安装的情况。

1.2.5　Access 2007 的帮助

1. 屏幕提示

Access 2007 通过屏幕提示，可以很容易地理解按钮和屏幕上的其他元素的基本概念。要获得屏幕提示，只要把鼠标光标移动到该元素的上面，然后等上一秒钟，这时就会弹出来一个屏幕提示，显示出这个元素的名字及其简单描述，见图 1.13。

2. 帮助系统

Access 2007 具有强大的帮助系统，全部采用了 HTML 帮助的形式。通过帮助系统，可以随时获得问题的解答。

当光标位于用户所想获得帮助的选项处，可使用帮助菜单中的"这是什么"，或直接按下"F1"功能键，弹出一个帮助窗口，显示出关于该选项的信息。

图 1.13　屏幕提示

如果计算机处于和互联网相连接状态，还可以通过"网上 Office"命令，在 Microsoft 提供的 Web 站点上找到有用的信息，以及最新的模板和向导。

在 Access 中获取帮助最简单的做法是按"F1"键，或者单击帮助按钮 。

【例 1-1】　通过 Access 提供的帮助功能了解如何创建表。

操作步骤如下。

①鼠标指向"创建"选项卡"表"组的"表"（图 1.13），按"F1"键，弹出帮助窗口（图 1.14）。

②单击"创建新表"条目，Access 提供相关的帮助信息。

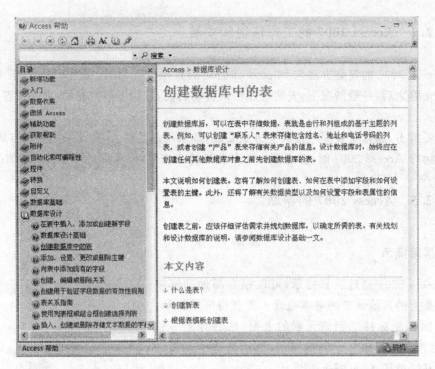

图 1.14   帮助窗口

练习 1.1
通过 Access 提供的帮助功能中的"入门"了解 Access 的功能。

1.3   Access 示例数据库演示

为了了解 Access 是如何工作的,可以打开 Access 附带的示例数据库。从接触示例数据库来了解 Access 2007,可以帮助读者形象地了解 Access 的用途,体会 Access 的使用方式,为读者今后创建自己的数据库管理提供了一个模板。

本节演示的"罗斯文 2007"示例数据库是一个简化了的典型的小型商贸公司数据库,它包括了产品、订单、订单明细、供应商、雇员、客户、产品类别和运货商等数据,它可以演示如何利用 Access 的表、查询、窗体和报表等对象,实现输入、修改、浏览和查找数据,打印报表等信息管理常用功能。

1.3.1   打开罗斯文示例数据库

【例 1-2】   根据 Access 2007 提供的"罗斯文 2007"示例数据库,创建用户自己的"罗斯文 2007"数据库。

操作步骤如下。

①单击 Office 按钮，单击"关闭数据库"图标，关闭当前的数据库。

②单击"示例"，单击"罗斯文 2007"，见图 1.15。

③在"文件名"框输入数据库名：罗斯文 2007。

④单击"文件名"框旁边的"浏览" ，通过浏览查找并选择数据库保存的位置，然后单击"确定"。

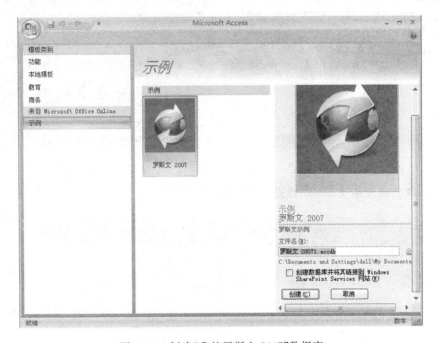

图 1.15　创建"我的罗斯文 2007"数据库

⑤单击"创建"，打开"我的罗斯文 2007"数据库，见图 1.16。

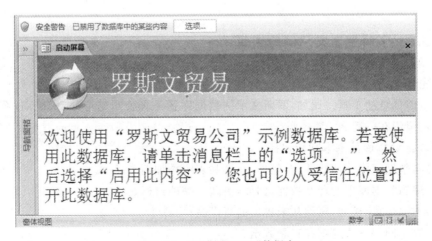

图 1.16　"罗斯文 2007"数据库

⑥单击"选项",选择"启用此内容",单击"确定",见图 1.17。

⑦单击"登录",见图 1.18。

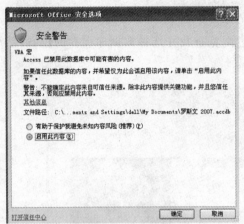

图 1.17　安全警告窗口　　　　　　　　　　图 1.18　登录窗口

⑧进入"我的罗斯文 2007"数据库界面,见图 1.19。

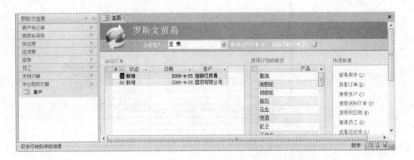

图 1.19　"我的罗斯文 2007"数据库界面

1.3.2　了解罗斯文示例数据库

首先读者会问:什么是数据库?简单地说,数据库就是相关信息的集合,是一种用于收集和组织信息的工具。比如,罗斯文示例数据库就是将公司的产品、供应商、客户和订货等信息组织在一起。

Access 数据库的基本功能包括:

(1)向数据库中添加新数据,例如,在产品表中添加新产品;

(2)编辑数据库中的现有数据,例如,更改产品的价格;

(3)删除信息,例如,删除从未售出的某产品;

(4)以不同的方式组织和查看数据;

(5)通过报表、电子邮件、Intranet 或 Internet 与他人共享数据。

Access 数据库不仅包括用来存放各种数据信息的表,比如产品、订单、订单明细、供应商、雇员、客户、产品类别和运货商等数据,还包含了相关的查询、窗体、报表、宏和模块等对象。在数据库窗口左侧的导航窗格罗列出了 Access 数据库的不同对象。

【例 1-3】　显示"我的罗斯文 2007"数据库的对象。

操作步骤如下。

①单击工作区的"关闭'主页'"按钮。

②单击"罗斯文贸易"导航窗格。

③在下拉列表中单击"对象类型",导航窗格将按对象类型显示,见图 1.20。图中列出了数据库中所有的对象类型:表、查询、窗体、报表、宏和模块。

图 1.20　"罗斯文 2007"数据库对象

1.3.3　表对象

表是数据库中最主要的基本对象,是由行和列组成的基于主题的列表。用来存储数据信息,是整个数据库系统的数据源。

【例 1-4】　显示"订单"表的内容,借以了解表的基本结构。操作步骤如下。

①单击导航窗格中"表"栏右侧的展开按钮 ≥,列出"罗斯文 2007"数据库中的表对象。

②双击"订单",在右侧工作区中打开"订单"表,见图 1.21。

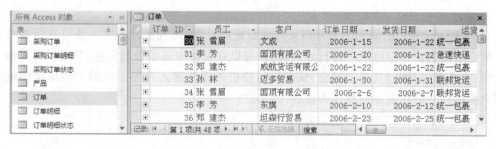

图 1.21　"我的罗斯文 2007"数据库的"订单"表

Access 的表采用二维表的方式组织数据。表的每一行称为一条记录,对应一个具体对象,记录了一个对象的有关信息,比如某个订单。表的每一列称为一个字段,对应对象的一个属性。记录是由字段组成的。字段是数据库中表示信息的最小单元。例如,在"订单"表中,每一条记录代表一个订单,而这些记录都是由独立的字段(订单 ID、员工、订单日期等)等组成。

1.3.4 查询对象

进行数据库操作时,可能需要不时地处理某一部分数据。例如,尽管"产品"表包括了所有产品记录,但用户却需要查看产品按类别的销售汇总情况。在这种情况下,就需要建立查询对象,简称查询(Query)。查询主要用来检索和查看数据,它的数据来源是表或其他查询对象,查询还可以作为数据库其他对象的数据来源。利用 Access 提供的不同的查询方式,能够方便地检索、浏览和加工数据。

【例 1-5】 打开"订单分类汇总"查询。

操作步骤如下。

①单击导航窗格中"查询"栏右侧的展开按钮 ,列出"罗斯文 2007"数据库中的查询对象。

②双击查询列表中的"订单分类汇总",显示有关的查询结果,见图 1.22。

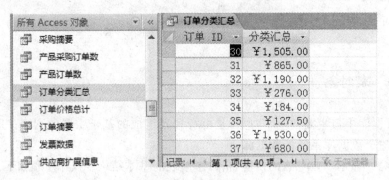

图 1.22 查询结果

1.3.5 窗体对象

在 Access 中,窗体(Form)是用来处理数据的界面,而且通常包含一些可执行各种命令的命令按钮。可以由用户自行设计,用户可以在窗体中显示表的信息,并通过增加命令按钮、文本框、标签以及其他对象,从而更加轻松方便地输入和显示数据。运用窗体能给用户提供一个更加友好的操作界面。

【例 1-6】 打开"产品详细信息"窗体。

操作步骤如下。

①单击导航窗格中"窗体"栏右侧的展开按钮,列出"罗斯文 2007"数据库中的窗体对象。

②双击窗体列表中的"产品详细信息",打开"产品详细信息"窗体,见图 1.23。

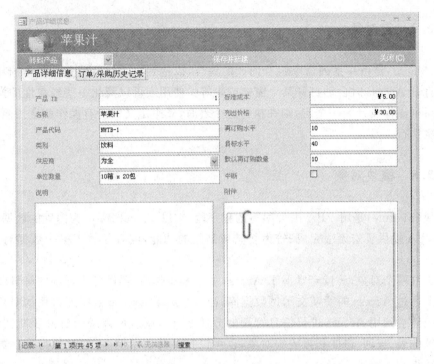

图 1.23　窗体对象示例

1.3.6　报表对象

报表(Report)可以将数据库中的数据以设定的格式进行显示和打印,同时可以对有关数据实现汇总、求平均等计算,利用报表设计器可以设计出各种各样的报表。

【例 1-7】　预览"年度销售报表"。

操作步骤如下。

①单击导航窗格中"报表"栏右侧的展开按钮,列出"罗斯文 2007"数据库中的报表对象。

②双击报表列表中的"年度销售报表",见图 1.24。

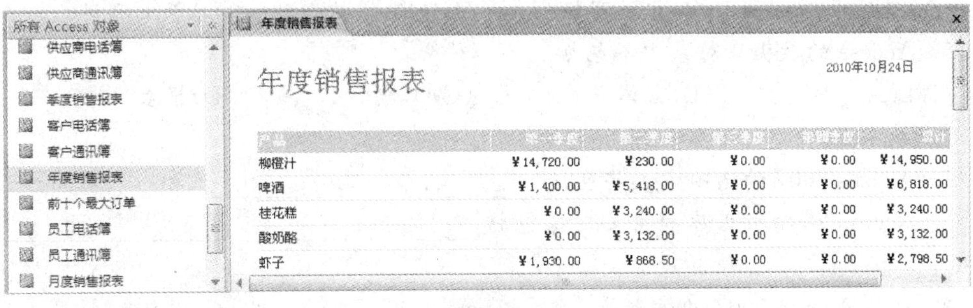

图 1.24　报表示例

1.3.7　宏对象

宏（Macro）是由一系列命令组合而成的集合，以达到自动执行重复性工作的功能，例如设定打开 Access 时自动打开某个窗体或表等。使用宏可以简化一些经常性的操作，如果将一系列操作设计为一个宏，则在执行这个宏时，其中定义的所有操作就会按照规定的顺序依次执行。

1.3.8　模块对象

模块（Module）是用 VBA 语言编写的程序段，它以 Visual Basic 为内置的数据库程序语言。VBA 提供了宏无法完成、较为复杂或高级的功能，或者是关于整个数据对象的整合操作。

对于这两个对象，等读者掌握了 Access 的基本操作后，再做较为详细的解释。

以上通过 Access 的罗斯文示例数据库，初步介绍了 Access 数据库常用的对象，读者可以从中体会到用 Access 进行信息管理的方便之处。读者可以继续打开罗斯文示例数据库提供的表、查询、窗体和报表等对象，也可以打开其他示例库，通过运行这些数据库，进一步认识和了解 Access。

思考题和习题

一、选择题

1. Access 是（　　）类型的软件。

(A)文字处理　　　　(B)电子表格　　　　(C)演示软件　　　　(D)数据库

2. 数据与处理数据的程序密切相关，不互相独立，是（　　）阶段管理数据的特点。

(A)人工管理　　　　(B)文件系统　　　　(C)数据库系统　　　　(D)以上三者

3. Access 2007 文件的扩展名是（　　）。

(A).doc　　　　(B).xls　　　　(C).mdb　　　　(D).accdb

4. 在 Access 的数据库窗口中包括（　　）。

(A)选项卡　　　　(B)导航窗格　　　　(C)Office 按钮　　　　(D)以上三者

5. Access 的数据库对象中不包括（　　）对象。

(A)表　　　　(B)窗体　　　　(C)工作簿　　　　(D)报表

二、填空题

1. Access 2007 的选项卡主要包括_____、_____、_____和_____等。

2. Access 2007 数据库的主要对象包括_____、_____、_____、_____、_____和_____。

3. 启动 Access 2007 的步骤是_____和_____。

4. 退出 Access 2007 的步骤是_____和_____。

三、思考题

1. 简述什么是数据库？

2. Access 包括哪些主要对象？

3. Access 2007 数据库文件的扩展名是什么？低于 Access 2007 版本的数据库文件的扩展名是什么？

实验

练习目的：初步了解 Access 2007。

练习内容

1. 启动 Access 2007，了解 Access 2007 的窗口。

2. 打开例 1-2 创建的"我的罗斯文 2007"，了解它有哪些功能？包括哪些表？

3. 通过 Access 2007 的帮助功能，了解 Access 2007 有哪些新的功能？

第 2 章

建立 Access 数据库

数据库技术研究如何科学地组织数据和存储数据，如何高效地检索数据和处理数据，以及如何减少数据冗余，保障数据安全，实现数据共享。在计算机应用的领域中，管理信息系统方面的应用占 90％以上，而数据库技术是管理信息系统的重要的技术基础。因此，可以说，数据库在当今计算机应用中扮演举足轻重的角色。

通过第 1 章的学习，我们领略了 Access 是一个功能强大、灵活适用的数据库管理系统。本章主要介绍数据库的基本理论和基本概念，力求在学习 Access 数据库的使用之前，给读者打下数据库的理论基础。在此基础上，学习如何建立自己的 Access 数据库。

【本章要点】
- 数据模型
- 关系型数据库
- 创建数据库

2.1 数据模型

模型是现实世界的特征和抽象，模型能够很清楚地表示一件事物。人们对航空模型、汽车模型都很熟悉，它们是设计真实产品过程中的重要环节。计算机数据管理的对象是现实生活中的客观事物，人们在实施对客观事物的管理过程中，首先要经历了解、熟悉的过程，从观测中得到大量描述具体事物的数据。数据模型是工具，是用来抽象、表示和处理现实世界中的数据和信息的工具。

数据模型应满足三个方面要求：

①能够比较真实地模拟现实世界。

②容易被人理解。

③便于在计算机系统中实现。

2.1.1 从现实世界到数据世界

人们把客观存在的事物以数据的形式存储在计算机中，经历了对现实社会中事物特性的认识、概念化、到计算机数据库里的具体表示,是一个逐级抽象的过程,是从现实到概念再到数据的三个领域的过程。

1. 现实世界

人们管理的对象存于现实世界中,现实世界的事物及事物之间存在着联系,这种联系是客观存在的,是由事物本身的性质决定的。例如,学校中有学生、老师、课程等构成元素,学生选择不同的课程,老师承担各门课程的教学,学生、老师、课程是相互关联的。

2. 概念世界和概念模型

概念世界是现实世界的第一层抽象,是对客观事物及其联系的一种抽象描述,从而产生概念模型。概念模型不涉及信息在计算机中的表示和实现,比较直观,容易理解。

3. 数据世界和数据模型

数据世界,又称机器世界,是将概念世界中的概念模型数字化,存入计算机系统的结果,成为数据模型。数据模型描述数据库的逻辑结构。为了准确地反映事物本身及事物之间的各种联系,数据库表中的数据一定存在一个结构,用数据模型表示这种结构。数据模型将概念世界中的实体及实体间的联系进一步抽象为便于计算机处理的方式。图 2.1 表示它们之间的关系。

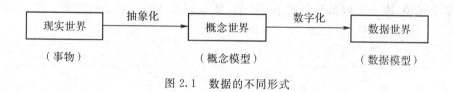

图 2.1　数据的不同形式

2.1.2　概念模型

概念模型用于概念世界的建模,是对现实世界的抽象,是数据库设计人员和用户之间进行数据库设计的有力工具。概念模型描述了现实世界中各种具体事物,以及事物之间的联系。

1. 概念模型的几个基本概念

(1)实体(Entity):把客观存在并且可以相互区别的事物称为实体。实体可以是实际事物,也可以是抽象事件,常见的实体包括人、位置、对象、事件和概念等。

(2)实体集(Entity Set):同一类实体的集合称为实体集。例如,全体医生的信息构成一个完整的医生信息的实体集,全体学生也是一个实体集。

(3)属性(Attribute):描述实体的特性称为属性。例如,医生的属性包括编号、姓名、性别、职称、科室等。

2. 实体之间的联系

现实世界中的事务之间存在联系,这种联系在概念世界中反映为实体集之间的相互关系,实体集之间的对应关系称为联系。联系可归结为三种类型。

(1)一对一联系(1∶1)

设 A、B 为两个实体集。若 A 中的每个实体至多和 B 中的一个实体有联系,反过来,B 中的每个实体至多和 A 中的一个实体有联系,称 A 对 B 或 B 对 A 是一对一联系。这种联系记为 1∶1。例如,学校实体与校长实体之间的联系可以这样理解,一个学校只有一位校长,而校长只能在一个学校任职,则学校实体与校长实体之间是一对一的关系。图 2.2 表示实体之间一对一的关系。

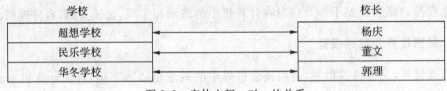

图 2.2　实体之间一对一的关系

(2)一对多联系(1∶n)

如果 A 实体集中的每个实体可以和 B 中的几个实体有联系,而 B 中的每个实体都和 A 中的一个实体有联系,那么 A 对 B 属于一对多联系。这种联系记为 1∶n。例如,一个省有多个城市,而一个城市只能属于一个省,省与城市就是一对多的联系。图 2.3 表示实体之间一对多的关系。

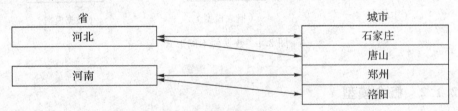

图 2.3　实体之间一对多的关系

(3)多对多联系(m∶n)

若实体集 A 中的每个实体可以和 B 中的多个实体有联系,反过来,B 中的每个实体也可以与 A 中的多个实体有联系,称 A 对 B 或 B 对 A 是多对多联系。这种联系记为:m∶n。例如,每个读者可以借阅多本图书,每本书可以被不同的读者借阅,图书实体和读者间存在多对多的联系。图 2.4 表示实体之间多对多的关系。

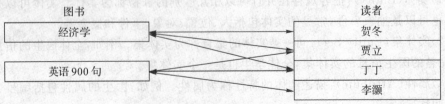

图 2.4　实体之间多对多的关系

3. 概念模型的表示方法：E-R 图

概念模型应该能够准确、方便地表示信息世界的概念，那么如何表示概念模型？实体联系图（Entity-Relationship Approach，E-R 图），也被称为 E-R 模型（实体联系模型），是描述概念世界、建立概念模型的实用工具。

E-R 模型有四个基本成分：矩形（表示实体），椭圆形（表示实体属性），菱形（表示联系），连线（表示实体之间以及属性之间的联系）。矩形框、椭圆形框、菱形框内要标注实体、属性和联系的名字，连线两头标注联系的类型是一对一、一对多还是多对多的联系。

【例 2-1】 建立学生与专业、学生与课程的 E-R 图。

学生实体的属性包括：学号、姓名、专业和班级等；专业实体的属性包括：专业编号、专业名称、说明等；课程实体的属性包括编号、名称和学分。

每个专业包含多个学生，每个学生只从属某个专业，专业和学生间存在一对多的联系。图 2.5(a)是专业和学生实体之间的属性和联系的 E-R 图。

每个学生可以选修多门课程，每门课程由多个学生选修，学生和课程间存在多对多的联系。图 2.5(b)是学生与课程实体之间的属性和联系的 E-R 图。

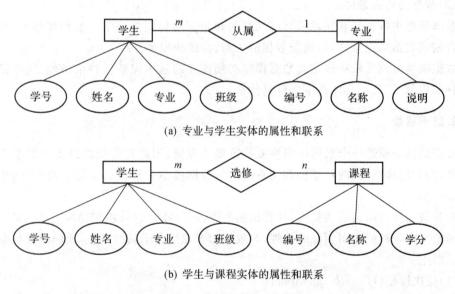

(a) 专业与学生实体的属性和联系

(b) 学生与课程实体的属性和联系

图 2.5 实体的属性和联系

练习 2.1

(1)说明"老师"实体具有哪些属性。

(2)说明"院系"实体具有哪些属性。

(3)如果每个院系聘任多名老师，而每位老师只受聘于一个院系，请判断这两个实体之间存在何种联系（一对一、一对多、多对多）。

2.1.3　数据模型

虽然概念模型将现实世界中的事务进行抽象,但概念模型不能直接成为计算机操作的对象。由此出现数据模型,负责数据的组织和操作方式。

1. 数据模型的要素

数据模型是由数据结构、数据操作和完整性规则三部分组成的。

(1)数据结构

数据结构是所研究对象的集合,这些对象包括数据库的组成,例如表中的字段、名称等。数据结构分为两类,一类是与数据类型内容等相关的对象,另一类是数据之间关系的对象。

(2)数据操作

数据操作是指对数据库中各种对象(型)的实例(值)允许执行的操作的集合,包括操作及其有关的操作规则。数据库的操作主要包括查询和更新两大类,数据模型必须定义操作的确切含义、操作符号、操作规则和实施操作的语言。

(3)数据的约束条件

数据模型中数据及其联系所具有的制约和依存的规则是一组完整性规则,这些规则的集合构成数据约束条件,以确保数据的正确、有效和相容。

数据模型应该反映和规定此数据模型必须遵守的基本完整性约束条件,还要提供约束条件的机制,以反映具体约束条件是什么。

2. 数据模型

数据结构是描述一个数据模型性质最重要的方面,因此常按数据结构的类型命名数据模型,例如层次结构、网状结构和关系结构的数据模型分别命名为层次模型、网状模型和关系模型。

随着数据库应用领域的扩大,计算机辅助设计(CAD)、计算机辅助制造(CAM)、图像处理和超文本等新的应用领域的出现,对数据库管理提出了新的需求,面向对象数据库模型应运而生。

(1)层次模型(Hierachical Model)

层次数据模型是最早出现的数据模型,层次数据库采用层次模型结构。

用树形结构表示实体及其之间联系的模型称为层次模型,这种模型的实际存储数据由链接指针来体现联系,参见图 2.6 所示。

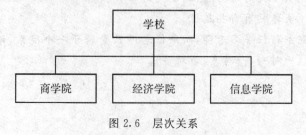

图 2.6　层次关系

层次模型的特点如下：

① 有且仅有一个节点无父节点，此节点是根节点，例如，在大学数据模型中的学校；

② 其他节点有且仅有一个父节点，比如，学校下属学院，其父节点就是学校；

③ 适合于表示一对多的联系，比如，学校与学院。

支持层次模型的数据库系统称为层次数据库系统。典型的层次型数据库有 IBM 公司研制的 IMS 系统。

(2) 网状模型(Netware Model)

网状模型中，节点间的联系是任意的，任意两个节点间都能发生联系，更适于描述客观世界。用网状结构表示实体及其之间联系的模型被称为网状模型。

网状模型的特点是：允许节点有多于一个的父节点，可以有一个以上的节点无父节点。

网状模型适用于表示多对多的联系，例如，供应商与合同、合同与商品间的关系等都是 $m:n$ 的关系，参见图 2.7。

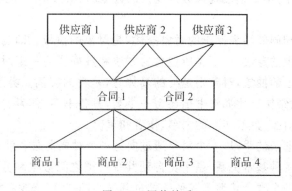

图 2.7　网状关系

采用了网状数据模型的数据库系统就是网状数据库系统，网状数据库的代表是 DBTG 系统。

(3)关系模型(Relational Model)

用二维表结构来表示实体以及实体之间联系的模型称为关系模型。关系数据库模型是以关系数学理论为基础的，在关系模型中，结构单一化是关系模型的一大特点，操作的对象和结果都是二维表，这种二维表就是关系。关系模型对数据库的理论和实践产生很大的影响，它比层次和网状模型有明显的优点，成为当今计算机技术的主流模型，Access 就是一个典型的关系型数据库管理系统。

一个关系的逻辑结构是一张二维表，在日常生活中人们熟悉的通讯录、产品目录等都是以二维表的形式组织数据。每个二维表有一个名字，代表概念模型中的一个实体集。二维表的每一行代表概念模型中的一个实体。二维表的每一列代表概念模型中的实体的一个属性。关系在磁盘上以文件形式存储，每个字段是表中的一列，每个记录是表中的一行，如图 2.8 所示的是一张医生名单表。

图 2.8 某医院医生名单

(4)面向对象(Object Oriented,OO)

面向对象的思想首先出现在程序设计语言中。"面向对象"是一种认识客观世界和模拟客观世界的方法,它将客观世界看成是由许多不同种类的对象构成的,每个对象都有自己的内部状态和运动规律,不同对象之间的相互联系和相互作用就构成了完整的客观世界。面向对象引入了对象、类、消息、继承、封装性和多态性等一系列概念。

对象是要研究的任何事物,对象的描述包括其一组属性及这组属性上专有操作。从一本书到一家图书馆,单个整数到整数列庞大的数据库,从汽车零件到航天飞机都可看作对象。

类是一组具有相同属性和操作的对象描述,是对象的模板。即类是对一组有相同数据和相同操作的对象的定义,一个类所包含的方法和数据描述一组对象的共同属性和行为。类是在对象之上的抽象,对象则是类的具体化,是类的实例。类可有其子类,也可有其他类,形成类层次结构。比如将书描述为一个类,具备书名、作者、单价等属性,而具体的一本书就是一个对象,具有实际的书名、作者和单价。

消息是对象间通信的手段,一个对象通过向另一个对象发送消息来请求其服务。

继承是类之间一种基本关系,是子类自动共享父类之间数据和方法的机制。它由类的派生功能体现。一个类直接继承其他类的全部描述,同时可修改和扩充。比如,教材类是书类的子类,它不仅具备与书相同的属性,还具备教材类特有的属性。

封装是一种信息隐蔽技术,封装的目的在于把对象的设计者和对象者的使用分开,使用者不必知晓行为实现的细节,只需用设计者提供的消息来访问该对象。

多态性是对象根据所接收的消息而做出动作。同一消息为不同的对象接受时可产生完全不同的行动,这种现象称为多态性。

总之,面向对象数据与现实世界实体一一对应,具有传统数据库数据不具备的两大特点:即内容海量性和结构复杂性,它是构建新型数据库的基础。面向对象方法(Object Oriented Method)是一种把面向对象的思想应用于软件开发过程中,指导开发活动的系统方法,是建立在"对象"概念基础上的方法学。

把面向对象的方法和数据库技术结合起来建造面向对象的数据库系统(Object Oriented DataBase System, OODBS)应该具备两个基本特征:首先它是一个数据库系统,具备数据库系统的基本功能。其次是一个面向对象系统,必须支持面向对象的数据模型,具有面向对象的特性。因此可以将一个 OODBS 表达为"面向对象系统+数据库能力"。图 2.9 说明面向对象数据库系统的基本结构。

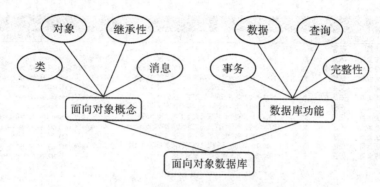

图 2.9　面向对象数据库模型

2.2　关系数据模型

20 世纪 80 年代以来，新推出的数据库管理系统几乎都支持关系数据模型，Access 就是一种关系数据库管理系统，本节结合 Access 来介绍关系数据库系统的基本概念。

2.2.1　关系术语及特点

关系数据模型的用户界面非常简单，一个关系的逻辑结构就是一个二维表。这种用二维表的形式表示实体和实体间联系的数据模型称为关系数据模型。目前流行的关系型数据库 DBMS 产品包括 Access、SQL Server、FoxPro、Oracle 等。

1. 关系术语

在 Access 中，一个表就是一个关系。图 2.10(a) 给出了一张"会员"表。图 2.10(b) 给出了一张"会员级别"表。

(1)关系(Relation)

一个关系就是一个二维表，每个关系有一个关系名。其格式为：

关系名(属性名 1,属性名 2,…,属性名 n)

在 Access 中，表示为表结构：

表名(字段名 1,字段名 2,…,字段名 n),

例如"会员"表可以描述为：

会员(会员 ID,会员级别,姓名,性别,生日,地址,电话,电子邮件地址,邮编)

会员级别(会员级别,待遇)

(2)元组(Tuple)

在一个二维表(一个具体关系)中，水平方向的行称为元组，每一行是一个元组。元组对应表中的一条记录，例如，"会员"关系包括多条记录(或多个元组)。

会员 ID	会员级别	姓名	性别	生日	地址	电话	电子邮件地址	邮编
1	非会员	顾客						
2	学生会员	陈康	男	1983-8-15	对外经济贸易大学汇忠公寓214室	( )6449-1257	kangkangtaoqi@163.com	100029
3	普通会员	蒋琴琴	女	1987-9-25	北京市朝阳区樱花西街罗马花园5号	( )6499-8237	jqql987@263.com	
4	学生会员	施乐	女	1982-3-27	对外经济贸易大学汇贤公寓118室	( )6449-1426	xerox1982@sina.com.cn	
5	普通会员	艾雯	女	1881-4-7	北京市朝阳区望京小区59号	( )8798-2245	allen@sohu.com	
6	普通会员	李丽	女	1979-6-22	北京市朝阳区望京小区59号	( )8798-1577	mzm@hotmail.com	
7	普通会员	李澜	男	1984-7-11	北京市朝阳区樱花西街罗马花园11号	( )6499-2351	eve@sina.com	
8	学生会员	王楠	女	1984-11-7	对外经济贸易大学汇美公寓245室	( )6449-1874	nannanguaiguai@elong.com	
9	学生会员	徐茜	女	1983-12-25	对外经济贸易大学汇康公寓336室	( )6449-1174	ivivy@sina.com	
10	学生会员	宋敏	男	1985-1-5	对外经济贸易大学汇智公寓519室	( )6449-1423	csm1985@eyou.com	
11	普通会员	白浩光	男	1977-10-4	北京市朝阳区樱花西街罗马花园29号	( )6499-1789	hgbai@elong.com	
12	普通会员	张强	男	1980-5-27	北京市朝阳区望京小区28号	(010)8798-1324	qiangzhang@eyou.com	

(a) "会员"表

会员级别	待遇
非会员	无特别待遇
普通会员	本店内任何商品九折优惠（特价商品除外）
学生会员	本店内任何商品八折优惠（特价商品除外）

(b) "会员级别"表

图 2.10 表的实例

(3)属性(Attribute)

二维表中垂直方向的列称为属性,每一列有一个属性名。在 Access 中表示为字段名。每个字段的数据类型、宽度等在创建表的结构时规定。例如,"会员"中的"会员 ID"、"姓名"、"性别"等字段名及其相应的数据类型组成表的结构。

(4)域(Domain)

属性的取值范围,即不同元组对同一个属性的取值所限定的范围。例如,性别只能从"男"、"女"两个汉字中取一;或要求所有的会员均为 1970 年以后出生。

(5)主键(Primary Key)

主键又称为主关键字,其值能够唯一地标识一个元组,主键可以由一个属性或若干个属性的组合而成。在 Access 中表示为字段或字段的组合,一个表只能有一个主键,主键可以是一个字段,也可以由若干字段组合而成。

例如,"会员"表中的"会员 ID"字段可以唯一确定一个元组,也就成为该关系的主键。由于具有某一会员级别的可能不止一人,因而"会员级别"字段不能成为"会员"表中的主键。但是,在"会员级别"表中的"会员级别"字段是可以唯一确定一个元组,"会员级别"字段也就成为该关系的主键。

(6)外键(Foreign Key)

表之间的联系是通过外键来建立的。某个字段同时存在表 1 和表 2 中,它不是表 1 的主键,而是表 2 的主键,就可以说该字段是表 1 的外键。

例如,将"会员级别"表与"会员"表这两个表联系起来的字段是这两个表都有的"会员级别"字段。"会员级别"字段是"会员级别"表的主键,但不是"会员"表的主键,当"会员"表与"会员级别"表通过"会员级别"字段建立了联系,则"会员级别"字段成为"会员"表的外键。

2. 关系的特点

关系模型看起来简单,但是并不能将日常手工管理所用的各种表格,按照一张表一个关系直接存放到数据库系统中。在关系模型中对关系有一定的要求,关系必须具有以下特点。

(1)关系必须规范化。所谓规范化是指关系模型中的每一个关系模型都必须满足一定的要求。最基本的要求是所有属性值都是原子项(不可再分)。

手工制表中经常出现如表 2.1 所示的复合表。这种表格不是二维表,因为应发工资被分成基本工资、奖金和津贴 3 个属性,应扣工资存在同样的问题。为了把它作为关系来存储,必须去掉应发工资和应扣工资这两项。

表 2.1　复合表示例

姓名	职称	应发工资			应扣工资			实发工资
		基本工资	奖金	津贴	房租	水电	托儿费	

(2)在同一个关系中不能出现相同的属性名,即不允许同一表中有相同的字段名。

(3)关系中不允许有完全相同的元组,即冗余。

(4)在一个关系中元组的次序无关紧要。任意交换两行的位置并不影响数据的实际含义。

2.2.2　关系运算

关系数据库进行查询时,需要找到用户感兴趣的数据,这就需要对关系进行一定的关系运算。关系的基本运算有两类:一类是传统的集合运算(并、差、交等),另一类是专门的关系运算(选择、投影、联接),有些查询需要几个基本运算的组合。

1. 传统的集合运算

进行并、差、交集合运算的两个关系必须具有相同的关系模式,即元组有相同的结构。

(1)并(Union)

两个相同结构关系的并是由属于这两个关系的元组组成的集合。

例如,有两个结构相同的学生关系 R1、R2,分别存放两个班的学生,将第二个班的学生记录追加到第一个班的学生记录后面就是两个关系的并集。

(2)差(Difference)

设有两个相同的结构关系 R 和 S,R 与 S 的差是由属于 R 但不属于 S 的元组组成的集合,即差运算的结果是从 R 中去掉 S 中也有的元组。

例如,设有选修计算机基础的学生关系 R,选修数据库 Access 的学生关系 S。求选修了计算机基础,但没有选修数据库 Access 的学生,就应当进行差运算。

（3）交（Intersection）

两个具有相同结构的关系 R 和 S，它们的交是由即属于 R 又属于 S 的元组组成的集合。交运算的结果是 R 和 S 的共同元组。

例如，有选修计算机基础的学生关系 R，选修数据库 Access 的学生关系 S。求既选修了计算机基础又选修了数据库 Access 的学生，就应当进行交运算。

2. 专门的关系运算

关系数据库管理系统能完成 3 种关系操作：选择、投影和联接。

（1）选择（Select）

从关系中找出满足给定条件的元组的操作称为选择。选择的条件以逻辑表达式给出，逻辑表达式的值为真的元组将被选取。例如，要从"会员"表中找出"会员级别"为"学生会员"的记录，所进行的查询操作就属于选择操作。

（2）投影（Project）

从关系模式中指定若干属性组成新的关系称为投影。

投影是从列的角度进行的运算，相当于对关系进行垂直分解。经过投影运算可以得到一个新的关系，其关系模式所包含的属性个数往往比原关系少，或者属性的排列顺序不同。投影运算提供了垂直调整关系的手段，体现出关系中列的次序无关紧要这一特点。

例如，要显示"会员"关系中查询学生的"姓名"和"地址"所进行的查询操作就属于投影运算。

（3）联接（Join）

联接是关系的横向结合。联接运算将两个关系模式拼接成一个更宽的关系模式，生成的新关系中包含满足联接条件的元组。

联接过程是通过联接条件来控制的，联接条件中将出现两个表中的公共属性名，或者具有相同的语义，可比的属性。联接结果是满足条件的所有纪录。

选择和投影运算的操作对象只是一个表，相当于对一个二维表进行切割。联接运算需要两个表作为操作对象。如果需要联接两个以上的表，应当两两进行联接。

总之，在对关系数据库的查询中，利用关系的投影，选择和联接运算可以方便地分解或构成新的关系。

2.3　数据库系统设计基础

在建立一个数据库管理系统之前，合理地设计数据库的结构，是保障系统高效、准确完成任务的前提。

2.3.1　数据库设计的步骤

设计数据库的一般步骤如下。

(1)分析数据需求。明确需要利用数据库解决什么问题,确定数据库要存储哪些数据。

(2)建立概念模型。将数据分解为不同的相关主题,找出相关实体。

(3)确定实体的属性和实体之间的关系,形成 E-R 图。

(4)确定需要的表。根据 ER 图,以实体为基础,就可以在数据库中为每个实体建立一个表。

(5)确定需要的字段。实际上就是确定在各表中存储数据的内容,即确立各表的结构。

(6)确定表的主键。找出能唯一地标识出实体集中的每一个实体的字段,选作主键。

(7)确定各表之间的关系。研究各表之间的关系,确定各表之间的数据应该如何进行联接。

(8)改进设计。对照需求,检查设计的各表是否能得到希望的结果。如果发现设计不完备,可以对设计做一些调整。

2.3.2　数据库设计案例

下面通过一个案例解释数据库设计的基本过程。

【例 2-2】　利用 Access 数据库,为某音像超市实现销售管理。

(1)分析数据需求

音像超市主要提供来自不同供应商的各类音像制品,包括磁带、CD、VCD、DVD 等。音乐风格多样,包括轻音乐、流行音乐、古典音乐、民族音乐、乡村音乐,满足不同年龄层次和不同素质的客户的要求。

音像超市业务活动是雇员销售音像制品给客户,同时对客户实行会员制管理。大家一定有到超市购物的经历,你可能是这家超市的会员或一般顾客。如果是会员,可能会享受一些价格折扣。你可能多次到音像超市订购产品,每次你选购了若干商品,在交款台,商店交给你一张销售凭证,上面记录了你购买商品的数量和金额。

(2)建立概念模型

根据音像超市业务活动,可以将产品、订单、销售记录和会员作为主要的实体。产品实体记录所有音像产品情况,会员实体包含会员情况。你可能会问为什么销售凭证被分成订单和销售记录两个实体? 这是由于每次购买的商品不止一种,订单实体将包含每次购物的基本信息,如购买者和购买日期等;而销售记录实体记录购买商品的明细情况。音像超市管理中的主要实体见表 2.2。

表 2.2   音像超市管理中的主要实体

实体	含义	属性
产品	记录所有音像产品情况	产品 ID、产品名称、艺人、类别、风格、价格、供应商、库存量、单价等
销售订单	记录与会员签订的销售订单	订单 ID、会员、销售日期、送货日期、经手人
销售记录	记录销售明细情况	订单 ID、产品、数量、折扣
会员	记录会员清单	会员 ID、姓名、地址、电话、等级
雇员	雇员清单	雇员 ID、姓名、地址、电话

(3)绘制 E-R 图

根据音像超市管理中存在的上述实体,绘制 E-R 图(见图 2.11)。该图省略了各实体的属性。

现在分析这些实体之间的联系。在 E-R 图中会员实体与订单实体是一对多的联系,说明每个会员多次购物。销售订单和销售记录两个实体是一对多的联系,说明每次购物选购了一种或一种以上的商品。而产品和销售记录两个实体是一对多的联系,说明一种产品会出现在多个销售记录中,即被多次购买。

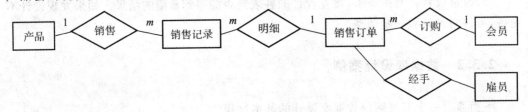

图 2.11   音像管理 E-R 图

(4)确定需要的表

根据音像管理 E-R 图,就可以将实体组织为数据库不同的相关主题的表。其表名可以与实体名相同。音像管理数据库的表包括:产品、销售订单、销售记录、会员。

(5)确定表的字段

各表的字段基本与实体的属性相同。通过这些字段,实际上就是确定在各表中存储数据的内容,可以参见表 2.2 的属性栏,确立各表的结构。

(6)确定表的主键。

主键是能唯一地标识出实体集中的每一个实体的字段。各表的主键见表 2.3。

表 2.3   各表的主键

表	主键	说明
产品	产品 ID	每个音像制品都有各自的产品 ID
会员	会员 ID	每位会员都有各自的编号,用 1 代表所有的非会员
销售订单	订单 ID	每张销售订单都有各自的编号
销售记录	订单 ID+产品 ID	每张销售订单所销售的产品
雇员	雇员 ID	每位雇员编号

（7）确定各表之间的关系

从音像管理 E-R 图（图 2.11），确定各表之间的联系。各表的联系见表 2.4。

表 2.4 表的联系

表	联系	说明
会员与订单	一对多	每个会员多次购物
销售订单与销售记录	一对多	每次购物选购了一种或一种以上的商品
产品与销售记录	一对多	产品会出现在多个销售记录中
雇员与订单	一对多	每个雇员经手多份订单

2.4 建立 Access 数据库

通过初步了解数据库的基本理论和基本概念，可以开始着手学习建立自己的数据库。与传统的一些数据库管理系统不同，Access 数据库把各种有关的表、索引、窗体、报表以及 VBA 程序代码都包含在一个文件中，Access 为用户处理了所有的文件管理细节。

2.4.1 创建 Access 数据库

Access 提供了两种创建新数据库的方法。

（1）使用数据库模板向导来完成创建任务，用户只要做一些简单的选择操作，就可以建立相应的表、窗体、查询、报表等对象，从而建立一个完整的数据库。

（2）先创建一个空数据库，然后再添加表、查询、报表、窗体及其他对象。无论哪一种方法，在数据库创建之后，都可以在任何时候修改或扩展数据库。

2.4.2 使用模板创建数据库

Access 2007 提供了多种数据库模板（出现在初始页面上（图 2.12）），比如资产、联系人、问题、事件、学生等特色联机模板，这些模板代表一些典型的数据库管理业务。利用模板创建的数据库包括该系统所需要的基本的表、窗体和报表等，只是表中没有数据。用户可以使用模板作为起点来创建符合特定需要的数据库。也可以使用"开始使用 Microsoft Office Access"页连接到 Microsoft Office Online，并下载最新或经修改的模板。

利用模板创建数据库与第 1 章中通过示例数据库建立自己的示例数据库步骤一致，只是示例数据库包括了示例数据。

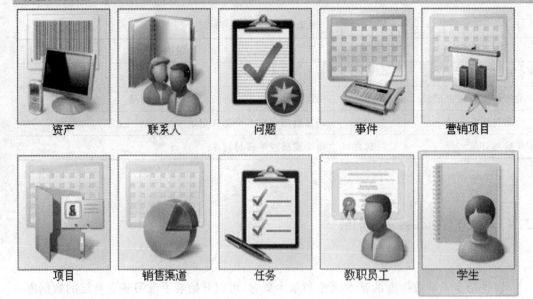

图 2.12　特色联机模板

【例 2-3】　利用特色联机模板"学生"创建名为"学生管理"的数据库。

①启动 Microsoft Access 2007。

②在"开始使用 Microsoft Office Access"窗口的"特色联机模板"下单击"学生"。

③在窗口右侧"文件名"框中输入：学生管理。

④单击"文件名"框旁边的"浏览"，可以选择文件存放位置，或通过浏览查找并选择新的位置。

⑤单击"下载"。

⑥打开采用模板方式建立的"学生管理"数据库(图 2.13)。

⑦单击导航窗格右上方的小箭头，弹出"浏览类别"菜单，单击"对象类型"，在导航窗格列出"学生管理"数据库中包含的各类对象。

通过模板创建的数据库都具有预定义的表、窗体、报表、查询、宏和关系，只是没有数据。打开后可直接使用，可以快速开始工作。

练习 2.2

(1)打开利用模板创建的"学生管理"数据库，了解该数据库的主要功能。

(2)利用"资产"模板创建的资产管理数据库。

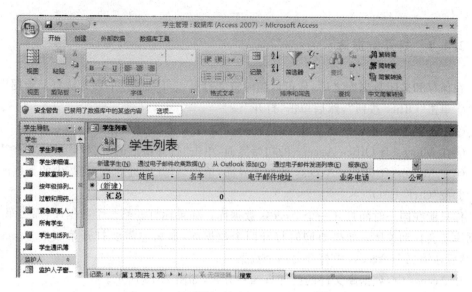

图 2.13　利用模板创建的"学生管理"数据库

2.4.3　创建空数据库

通常使用者先创建一个空数据库,空数据库像一个多宝格,可以在不同的格子里放置不同的物品,使用者根据需要再添加表、窗体、报表及其他对象。

【例 2-4】　在"\数据库"文件夹下,创建名为"音像店管理"的空数据库,操作步骤如下。

①单击 Office 按钮,单击"关闭数据库",关闭当前的数据库。

②在初始界面中间部分"新建空白数据库"栏下,单击"空白数据库"。

③在右下方的"文件名"键入:音像店管理。

④单击"文件名"框旁边的"浏览" ，查找并选择文件夹,然后单击"确定"。

⑤单击"创建",进入数据库窗口(图 2.14)。

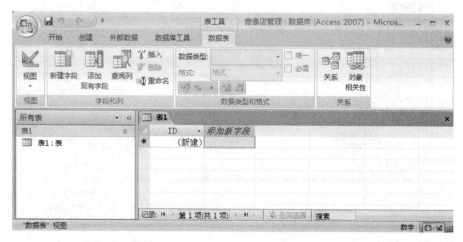

图 2.14　"音像店管理"数据库窗口

2.4.4 打开数据库

在保存和关闭数据库之后,你可以随时将它打开。可以通过下列方法打开数据库:

①单击"Office 按钮",然后单击"打开"。

②单击"Office 按钮",然后从"最近使用的文档"中单击该数据库。

③在 Microsoft Office Access 的初始界面,单击"打开最近的数据库"下的"更多"。

④在 Microsoft Office Access 的初始界面,单击"打开最近的数据库"中的数据库。

⑤按"Ctrl"+"O"。

你只能在同一时间打开一个 Access 数据库。如果你打开第二个数据库,那么第一个数据库就会自动关闭。如果要同时打开两个数据库,那么你需要打开第二个 Access 程序,然后在第二个 Access 中打开另一个数据库。

在 Access 中,数据库文件的打开有四种方式,如图 2.15 所示。

(1)打开:以共享方式打开数据库文件,这时网络上的其他用户可以打开这个文件,也可以同时编辑这个文件,这是默认的打开方式。

(2)以只读方式打开:如果只是想查看已有的数据库,并不想对它进行修改,可以选择只读方式打开,这种方式可以防止无意间对数据的修改。

(3)以独占方式打开:这种方式打开数据库文件,可以防止网络上的其他用户同时访问这个数据库文件,也可以有效地保护自己对共享数据库文件的修改。

(4)以独占只读方式打开:这种方式打开数据库文件,用户只能浏览数据库的数据,同时可以防止网络上的其他用户同时访问这个数据库文件。

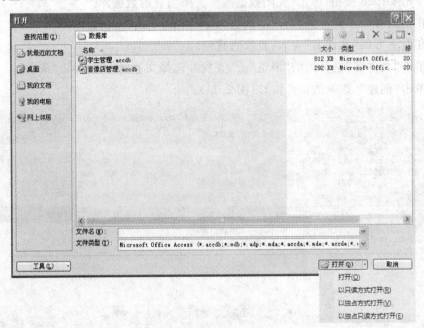

图 2.15　数据库文件的打开方式

2.4.5 关闭数据库

关闭一个数据库的操作如下：
(1) 单击"Office 按钮"。
(2) 单击"关闭数据库"。
由于 Access 只能同时处理一个数据库，因而打开或新建一个数据库的同时，会自动关闭前面打开的数据库。

思考题和习题

一、选择题

1. 以二维表结构来表示实体与实体之间的联系的数据模型称为( )。
(A)网状模型 (B)关系模型 (C)层次模型 (D)环状模型

2. 数据库中，$1:n$ 的关系可以表现在( )。
(A)专业与学生的关系 (B)医院护士与病人的关系
(C)公民与身份证的关系 (D)飞机与机械师的关系

3. 可以作为"学生"表主键的属性是( )。
(A)姓名 (B)性别 (C)学号 (D)生日

4. 数据库表的外键是( )。
(A)另一个表的主键 (B)本表的主键
(C)与本表没关系的字段 (D)都不对

5. 二维表是( )的关系。
(A)不可再分 (B)实体与客体间
(C)有子关系 (D)实体群间的关系

6. 一个学生可以同时借阅多本图书，一本图书能被多个学生借阅，学生和图书之间为( )的联系。
(A)一对多 (B) 多对多 (C)多对一 (D)一对一

二、填空题

1. Access 2007 常用创建数据库的方法包括_____和 _____。

2. 表是_____的集合，一个 Access 数据库可以有多个数据表，一个表由作为行的_____和作为列的_____组成。在一个表中最多可建立_____个主键。

3. 在同一个 Access 窗口中，可以打开_____个数据库。

4. 在 Access 2007 中，数据库文件的打开方式有_____、_____、_____和_____。

三、思考题

1. 简述设计 Access 数据库系统的基本过程，尝试设计一个"学生成绩管理"数据库。

2. 简述实体之间存在哪些类型的关系，并举例说明。

实验

练习目的

学习如何建立、打开和使用 Access 2007 数据库。

练习内容

(1) 完成本章的实习内容。

(2) 打开"我的罗斯文 2007"示例数据库，查看它包括哪些表，各有哪些字段。

(3) 采用模板方式建立"联系人"数据库。

要求：

(1) 建立基于"联系人"模板的"我的联系人"数据库，保存到"d:\数据库"文件夹中。

(2) 打开并运行"我的联系人"数据库，录入一条记录。

(3) 进入数据库窗口，查看这个数据库包含哪些表、查询、窗体和报表。

第 3 章

建立 Access 数据表

创建数据库是创建数据库管理项目的第一步,而创建数据表是数据处理的第一步。本章将重点讲述表的建立以及数据表结构的设计和修改方法,以此作为学习数据库管理的开始。

【本章要点】

- 表的建立
- 字段属性的设置
- 设定表的关系

3.1　表的设计

Access 利用表来定义数据库中数据的结构,每张表中包含一系列相关的信息。Access 能让用户方便地创建表。

注意:不要混淆了表和数据库的概念。在某些数据库管理系统中,比如 dBase,数据库就是一个信息清单,与 Access 中的表非常相似。然而,Access 中的数据库不仅仅是表。

3.1.1　表的设计步骤

表(或者称为数据表)结构的好坏直接影响表的使用效果,在前两章里,重点介绍了表设计的原则。Access 以二维表的形式来定义数据库中数据的结构。每张表中包含了同一主题的一系列相关信息。

表 3.1 就是一个二维表形式的产品表,它纵向的每个栏目列出某类数据,并以首行标题加以说明,比如产品 ID、产品名称等。表的每行代表一组信息,记录了一个产品的情况。整个表被冠以"产品表"的名称。在绘制这张表时,首先设定表的各个栏目,包括栏目标题和宽度,然后才能输入表的信息。

表 3.1   产品表

产品 ID	产品名称	产品类别	产品风格	艺　人	供应商	单位数量	单　价	库存量	订购量
11001	将爱	磁带	流行音乐	王菲	滚石唱片	单盒	￥10.00	5	20
11002	Listen to Me	磁带	流行音乐	张智成	新力电子	单盒	￥10.00	10	10
11003	真爱	磁带	流行音乐	罗白吉	新力电子	单盒	￥10.00	3	15
11004	Style	磁带	流行音乐	安室奈美惠	滚石唱片	单盒	￥10.00	2	5
11005	Born to Do It	磁带	流行音乐	Craig David	京文音像	单盒	￥10.00	5	10

Access 的做法与之类似,每个表由表名,表包含的字段名及其属性,表的记录等几部分组成。Access 创建表的过程就是平时绘制表的过程,只是更加方便灵活。

在建表之前,用户需要认真准备回答以下问题:

(1)表的用途是什么?

(2)表的名字是什么?表的名字应与用途相符,比如保存产品信息,命名为"产品"。

(3)表由哪些列(字段)组成?每个字段代表一个属性,比如在"产品"表中安排产品 ID、产品名称、产品类别等字段。

(4)每个字段的数据类型是什么?比如姓名为文本型,出生日期为日期型,成绩为数字型。

(5)每个字段的大小,即字段宽度是多少?有些数据类型的大小是固定的,比如日期型,有些数据类型的大小是可变的,比如文本型、数字型。

(6)是否需要为表建立一个主键?主键用来唯一标识表中的每一条记录,即不同记录中的主键内容各不相同。

3.1.2   数据类型

在 Access 2007 中,字段的数据类型有文本、备注、数字、日期/时间、货币、自动编号、是/否、OLE 对象、超链接、附件和查阅向导 11 种数据类型。以满足数据的不同用途,表 3.2 中列出了这些数据类型的含义。

表 3.2   数据类型

数据类型	标　识	说　明	大　小	示　例
文本	Text	文本或文本与数字的组合,可以是不必计算的数字	最大值为 255 个中文或英文字符	公司名称、地址、电话号码
备注	Memo	字母数字字符(长度超过 255 个字符)或具有 RTF 格式的文本。适用于较长的文本叙述	最大为 1GB 字符,可以在控件中显示 65536 个字符	经历、说明、备注

续表

数据类型	标　识	说　　明	大　　小	示　例
数字	Number	只可保存数字（整数或分数值）	1,2,4,8 个字节	数量、售价
日期/时间	Datetime	可以保存日期及时间,允许范围为 100/1/1 至 9999/12/31	8 个字节	生产日期、入学时间
货币	Money	用于计算的货币数值与数值数据,小数点后 1～4 位,整数最多 15 位	8 个字节	单价、总价
自动编号	AutoNumber	在添加记录时自动插入的唯一顺序或随机编号,用于生成可用作主键的唯一值	4 个字节	编号
是/否	Yes/No	用于记录逻辑型数据 Yes(1)/No(0)	1 位	送货否、婚否
OLE 对象	OLE Object	为非文本、非数字、非日期等内容,也就是用其他软件制作的文件	最大可达 1GB(受限于磁盘空间)	照片、音乐
超链接	Hyperlink	用于存储超链接,内容可以是文件路径、网页的名称等,单击后可以打开	最大为 1 GB 字符,可以在控件中显示 65,535 个字符	电子邮件、网页
附件	Attachment	任何支持的文件类型,可以将图像、电子表格文件、文档、图表和其他类型的支持文件附加到数据库的记录,这非常类似与将文件附加到电子邮件	对于压缩的附件,为 2 GB。对于未压缩的附件,大约为 700K	附件
查阅向导	Lookup Wizard	实际上不是数据类型,用于启动"查阅向导",使用户可以创建一个使用组合框在其他表、查询或值列表中查阅值的字段	基于表或查询:绑定列的大小 基于值:存储值的文本字段的大小	专业

说明:

对于电话号码、部件号和不会用于计算的数字类型的数据,应该选择文本型,而不是"数字"数据类型。对于"文本"和"数字"数据类型,可通过设置"字段大小"属性框中的值来更加具体地指定字段大小或数据类型。"附件"类型是 Access 2007 新增的数据类型,是用户可以将图片、文档和其他文件和与之相关的记录存储在一起的重要方式。

3.1.3　表的设计示例

【例 3-1】　设计"音像店管理"数据库的表结构。

根据例 2-4 对"音像店管理"的功能和数据的分析,形成下列 5 个数据表的结构。

表 3.3　"产品"表结构

字段名称	字段类型	字段大小	是否是主键	说明
产品 ID	数字	长整型	是	
产品名称	文本	50		
产品类别	文本	50		CD/VCD/DVD
风格	文本	50		流行、摇滚等
艺人	文本	50		
供应商	文本	50		
单位数量	文本	50		
单价	货币	50		
库存量	数字	长整型		
订购量	数字	长整型		
中止	是否			
简介	备注			
封面	OLE			

表 3.4　"销售订单"表结构

字段名称	字段类型	字段大小	是否是主键	说明
订单 ID	自动编号	长整型	是	
会员 ID	数字	长整型		
销售日期	日期			
交货日期	日期			
经手人	数字	长整型		

表 3.5　"销售记录"表结构

字段名称	字段类型	字段大小	是否是主键	说明
订单 ID	数字	长整型	是	
产品 ID	数字	长整型	是	

表 3.6　"会员"表结构

字段名称	字段类型	字段大小	是否是主键	说明
会员 ID	自动编号	长整型	是	
会员级别	文本			
姓名	文本			
性别	文本			
生日	日期			
地址	文本			
电话	文本			
电子邮件地址	超链接			

表 3.7　"雇员"表结构

字段名称	字段类型	字段大小	是否是主键	说明
雇员 ID	自动编号	长整型	是	
部门	文本			
姓名	文本			
性别	文本			
雇用日期	日期			
职务	文本			
地址	文本			
邮政编码	文本			
电话	文本			
电子邮件地址	超链接			
在职否	是/否			
简历	备注			
照片	OLE			
附件	附件			

3.2　创建表

Access 2007 提供了表的两种视图方式。

(1)设计视图

在设计视图中,使用者可以自行创建表,以及修改表的结构。

(2)数据表视图

在数据表视图中,使用者可以通过输入数据的方式创建表,而且可以添加、编辑、浏览数据记录以及排序、筛选、查找记录,而且还可以改变显示数据的形式、调整字段的显示次序、隐藏或冻结列、改变列的宽度以及记录行的高度。

利用 Access 提供的多种创建表的方法创建新表,其中常用的方法如下。

(1)设计视图:通过表设计视图建表。

(2)输入数据:通过输入数据直接建表。

(3)表模板:通过 Access 提供的模板,建立常用的表。

在数据库窗口"创建"选项卡的"表"组(图 3.1)中提供多种建表的方法。

图 3.1 "创建"选项卡的"表"组

3.2.1 通过表模板建立新表

Access 提供模板功能,帮助用户快速有效地建立 Access 的各种对象,从模板入手,是学习 Access 的有效方法,对新手尤为重要。在创建数据库时,读者已经初步体会到模板的功效。利用表模板的示例表,帮助用户建立常用类型的数据表。

【例 3-2】 利用表模板的"参与人"表创建"会员"表。操作步骤如下。

(1)打开 Access 2007。

(2)打开"..\数据库\第 3 章"文件夹中的"音像店管理"数据库。

(3)单击"创建"选项卡,在"表"组中,单击"表模板"(图 3.2)。

(4)单击"联系人"。

(5)在"快速访问选项卡"上,单击"保存",在"另存为"窗口中,输入:雇员。

(6)单击"确定",在工作区显示新建的表(图 3.3)。

图 3.2 根据模板创建表

(7)单击工作区上的"关闭'雇员'",关闭表。

图 3.3 根据模板创建的"雇员"表

利用表模板的方法创建表方便、快捷,但是由于受到示例表的限制,比如,表中的字段与设计的表的结构不一致,需要通过设计视图做进一步修改。

3.2.2 使用数据表视图创建表

如果完成了表的设计,确定了表字段,并准备了相应的数据,可以采用通过在数据视图中输入数据方法创建表。

【例 3-3】 采用通过输入数据创建"会员"表。数据参照表 3.8。

表 3.8 会员名单

会员ID	会员级别	姓名	性别	生　日	地　址	电　话	电子邮件地址
1	非会员	顾客					
2	学生会员	陈康	男	1993-8-15	科院 1 号公寓 214 室	64491257	kangkang@163.com
3	普通会员	蒋琴琴	女	1987-9-25	朝阳区樱花西街 5 号	64998237	jqq1987@263.com

操作步骤如下。

(1)单击"创建"选项卡,在"表"组中,单击"表",在工作区出现新表(图 3.4)。

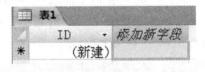

图 3.4 创建新表

(2)双击列标题"ID",输入:会员 ID。

说明:"ID"是 Access 为表设置的默认主键字段,它的字段类型为自动编号。

(3)输入字段名。双击列标题"添加新字段",输入:会员级别。

(4)依次双击列标题"添加新字段",输入其他字段名。

(5)输入字段内容。在"会员级别"字段下方输入:非会员。在"姓名"字段下方输入:顾客。依次输入其他字段内容。

说明:有时可以使用"字段模板"任务窗格从预定义的字段列表中进行选择字段名称。做法是:

①在"数据表"选项卡上的"字段和列"组中,单击"新建字段"。将显示"字段模板"窗格。

②在"字段模板"窗格中选择一个或多个字段,并将它们拖至表中。

(6)修改字段数据类型。在"表工具"的"数据表"选项卡的"数据类型和格式"组中,单击"数据类型"(图 3.5)。

(7)保存表。在快速访问选项卡,单击"保存",在"另存为"窗口中,输入:会员,然后单击"确定"。

(8)单击工作区上的"关闭'会员'",关闭表。

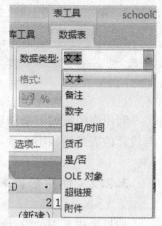

图 3.5　修改字段的数据类型

3.2.3　使用"设计视图"创建表

在设计视图中,不仅可以创建一个新表,还可以对已有的数据表进行修改,不管使用哪种方法创建数据表,用户都可以在数据库设计视图中进一步变动,比如新增字段、设置字段属性、改变字段排列顺序、设置主键等。因此,使用设计视图是建立新表或修改表结构的最主要的方法。

采用表设计视图创建新表的基本步骤。

(1)新建数据库或打开现有的数据库。

(2)打开设计视图。

(3)依次输入字段名、数据类型和说明。

(4)根据需要设置字段的属性。

(5)设置表的主键。

(6)保存表的设计。

数据表的设计视图,如图 3.6 所示,包含两个区域:上半部分的字段输入区和下半部分字段属性区。在字段输入区中输入表的每个字段的名称、数据类型和说明。在字段属性区中输入或选择字段的属性值,如字段的大小、格式等。

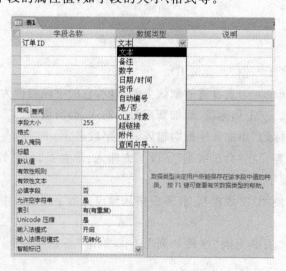

图 3.6　表的设计视图

【例 3-4】　采用设计视图创建"销售订单"表。表结构参照表 3.4。

操作步骤如下。

①打开设计视图。单击"创建"选项卡,在"表"组中,单击"表设计"(图 3.1)。

②在设计视图中输入字段名。单击设计视图的第一行"字段名称"列(图 3.6),输入"销售订单"表的第一个字段名称"订单 ID"。

③选择数据类型。单击"数据类型"列,并单击其右侧的向下箭头按钮,这时弹出一个下拉列表(图 3.6),列表中列出了 Access 提供的 11 种数据类型(详细说明见表 3.2)。选择"自动编号"数据类型。在"说明"列中输入字段的说明信息:"主关键字"。说明信息不是必需的,但它增加了数据的可读性。

④依次输入其他字段。用同样的方法,参照表 3.4 的有关内容,定义表中其他的字段。

⑤设置主键。单击作为主键的"订单 ID"中的任何位置,将这行设为当前行。在"表工具-设计"选项卡上的"工具"组中,单击"主键"(图 3.7)

设置主键后,该行最左面的方格中出现了一个"钥匙"符号,表示该字段成为表的主键。

⑥保存表的设计。在"快速访问选项卡"上单击"保存"按钮💾。在"另存为"对话框(图 3.8)中输入"销售订单",单击"确定"。

⑦单击工作区上的"关闭'销售订单'"按钮,关闭设计视图。

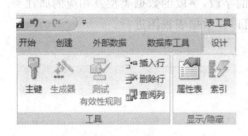 

图 3.7　"表工具-设计"选项卡　　　　　　图 3.8　"另存为"对话框

⑧视图切换。

在"表工具-设计"选项卡上的"视图"组中,单击"视图",从设计视图转换到数据视图,可以输入数据。同样,在数据视图中,单击"表工具-设计"选项卡上的"视图"组中的"视图"按钮(图 3.9),从数据视图返回到设计视图,对表的结构继续修改。

练习 3.1

(1)使用设计视图创建"销售记录"表,其结构见表 3.5。

(2)使用设计视图创建"产品类型"表,其结构见表 3.9。

图 3.9　"视图"组中的视图

表 3.9 "产品类别"表结构

字段名称	字段类型	字段大小	是否是主键	说明
产品类型	文本	50	是	
图片	OLE 对象			

(3)使用设计视图创建"会员级别"表,其结构见表 3.10。

表 3.10 "用户类型"表结构

字段名称	字段类型	字段大小	是否是主键	说明
会员级别	文本	50	是	
待遇	文本			
取得条件	文本			

3.3 字段操作

数据表的设计重点就是定义数据表所需要的字段,字段的数据类型及相应的属性等。通常对字段定义的操作在设计视图中完成,也可以在数据表视图进行。

3.3.1 字段名称及数据类型

1. 字段名称

字段名称是用来唯一地标识该标识字段,它可以由英文、中文、数字组成,但必须符合Access 数据库的对象命名规则。以下规则同样适用于表名、查询名等对象的命名。

字段命名应遵循的规则有:

(1)字段名称的长度为 1～64 个字符。

(2)字段名称可以用字母、数字、空格以及其他一切特别字符,但不能包含感叹号(!)、点运算符(.)、方括号运算符([ ])。

(3)不能使用 ASCII 值为 0～31 的字符。

(4)不能以空格开头。

2. 字段的数据类型

接下来应确定字段的数据类型。数据类型的确定使得字段应与要存储的信息相匹配。将光标置于"数据类型"列,在输入框的右侧出现下拉箭头,单击此按钮就可为字段选择合适数据类型。Access 提供了 11 种数据类型,如表 3.2 所示。

字段类型是否可以以后再更改呢? 可以。但一般而言,字段类型一经定义完成,除非万不得已,最好不要更改。因为更改类型会造成数据库系统在后续设计时的诸多麻烦,有时会造成数据类型转换错误或数据遗失的情况。一般而言,转换为文本类型时,都不会有错误,因为文本类型允许任何字符,其允许范围最大。如果反过来,将文件转换为数字,就有可能造成数据遗失,因为数字类型不允许 0～9 以外的符号或字符,转换时若发生错误,Access 会显示警告信息。

【例 3-5】用设计视图修改通过模板创建的"雇员"表。表结构参照表 3.7。

操作步骤如下。

①在导航窗格中的表对象列表中双击"雇员"表,打开该表。

②在"开始"选项卡的"视图"组中,单击"视图",弹出设计视图窗口。

③用户可以直接修改字段名,改变数据类型,根据表 3.7,完成对"雇员"表的修改(图 3.10)。

④对于插入、删除和修改字等操作,只需右击相应位置,在弹出的快捷菜单中(图 3.11),选择相关菜单选项即可。

⑤在"快速访问选项卡"上单击"保存"按钮。

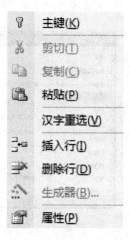

图 3.10　"雇员"表设计视图　　　　　　　　图 3.11　设计视图中的快捷菜单

练习 3.2

使用设计视图,对使用向导创建"产品"表的结构进行修改。表的结构参照表 3.3。

3.3.2　定义字段属性

每个字段还具有一组关联的设置,被称为字段属性。字段属性决定了如何存储、处理和显示该字段的数据。字段属性包括字段大小、格式、输入掩码、默认值、有效性规则、有效性文本、输入法模式、标题等。例如,可通过设置文本字段的"字段大小"属性来控制允许输入的最多字符数。字段的属性取决于该字段的数据类型,其中文本类型字段的默认属性如图 3.12 所示。

大部分字段属性含义比较明显，如字段大小用于指定文本的长度或数字数据的大小。小数位数指定数字、货币数据的小数位。标题指定在数据表视图以及窗体中显示该字段时所用的标题。默认值为字段指定缺省值等。也有一部分字段属性需要在这里进一步说明，如格式、输入掩码、有效性规则等。

1."字段大小"属性

"字段大小"属性可使用文本、数字及自动编号3种数据类型，其他数据类型的长度固定，详见表3.11。

文本类型的字段大小为1到255个中文或英文字符，默认值是255。

说明

可以自行设置数据表的默认值，操作步骤如下。

(1)单击"Office 按钮"，单击"Access 选项"。

(2)在"对象设计器"的"表设计"栏(图3.13)下，可以修改表设计的默认值。

图 3.12   文本类型字段的属性

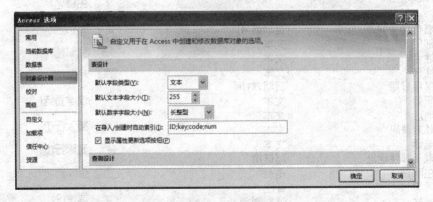

图 3.13   数字类型字段的属性

数字类型的"字段大小"属性共有7个选择，如图3.14所示。

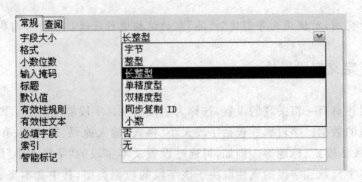

图 3.14   数字类型字段的属性

表 3.11 数字类型的字段大小

字段大小	可输入数值的范围	小数位	存储空间
字节	0~255	无	1 字节
整数	$-32,768$~$32,767$	无	2 字节
长整数	$-2,147,483,648$~$2,147,483,647$	无	4 字节
单精度数	-3.4×10^{308}~3.4×10^{308}	7	4 字节
双精度数	-1.797×10^{308}~1.797×10^{308}	15	8 字节
小数	-1.797×10^{308}~1.797×10^{308}	28	12 字节

2. 格式属性

使用字段的格式属性,可在不改变数据实际存储的情况下,改变数据显示或打印的格式。例如,出生年月字段,可显示成"1985 年 8 月 12 日"、"8/12/85"等形式。可以从预定义格式的列表中选择自动编号、数字、货币、日期与时间、是/否,或者创建自定义格式。

(1)文本、备注型数据的格式。文本和备注型数据的自定义格式最多可有三个区段,以分号";"隔开,分别指定字段内的文字、零长度字符串、Null 值的数据格式。用于定义字符串格式的字符见表 3.12。

表 3.12 用于定义字符串格式的字符

符 号	代表功能	范 例	数 据	显示效果
@	显示字符或空格	(@@@)@@@	Abcde	(Ab)cde
&	显示字符或空格,差在无字符时省略	(&&&)&&&	Abcde	(Ab)cde
!	强制向左对齐	!(@@@)@@@	Abcde	(Abc)de
>	强迫所有字符大写	>@@@@@	Abcde	ABCDE
<	强迫所有字符小写	<@@@@	Abcde	abcde

例如,在格式中输入:(@@@)@@@-@@@@@,则输入数字"01012345678"时,将会显示为:(010)1234-5678。

(2)数字、货币型数据的格式。

数字、货币型数据的默认格式有:一般数字、货币、整数、标准、百分比和科学记数法。见图 3.15。

(3)日期/时间型数据的格式。日期/时间型数据的 7 种预定义的格式,见图 3.16。

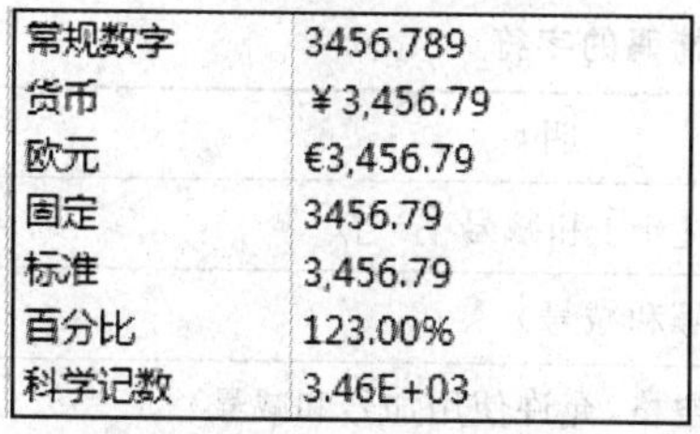

常规数字	3456.789
货币	¥3,456.79
欧元	€3,456.79
固定	3456.79
标准	3,456.79
百分比	123.00%
科学记数	3.46E+03

常规日期	94-6-19 17:34:23
长日期	1994年6月19日
中日期	94-06-19
短日期	94-6-19
长时间	17:34:23
中时间	PM 5:34
短时间	17:34

图 3.15 数字类型字段的格式 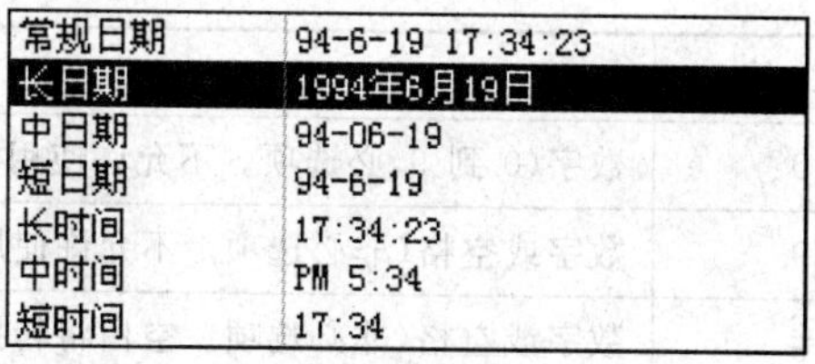 　　　图 3.16 日期/时间数据的格式

也可以用自定义字符:时间分隔符":"、日期分隔符"/"、以 ddddd 来显示日期和以 ttttt 显示时间"c",以及 d、w、m、q、y 等分别表示日、星期、月、季、年。

(4)是/否型数据的格式。是/否型有三种格式,分别为:

真/假　　　−1 为 True,0 为 False;
是/否　　　−1 为 Yes,0 为 No;
开/关　　　−1 为 On,0 为 Off。

3."默认值"属性

使用"默认值"属性可以指定在添加新记录时自动输入的值,当表增加新记录时,以默认值作为该字段的内容。在表中往往会有一些字段的数据内容相同或含有相同的部分。例如"性别"字段只有"男"、"女"两种值,这种情况就可以设置一个默认值,减少输入量。

【例 3-6】　将"会员"表中"性别"字段的"字段大小"设置为 1,字段的"默认值"设置为"男","生日"字段的"格式"设置为"长日期"格式,改变电话显示格式,比如将01064494001 显示成(010)6449−4001。

操作步骤如下。

①在导航窗格中的表对象列表中双击"会员"表,打开"会员"表。

②在"开始"选项卡的"视图"组中,单击"视图",弹出设计视图窗口。

③在"性别"字段的"字段大小"属性框中输入"1",在"默认值"属性框中输入"男",注意,在输入文本值时,例如"男"时,可以不加引号,系统会自动加上引号。

④在"生日"字段的"格式"属性框,选择右侧向下箭头按钮,在日期/时间型数据的格式框(图 3.16)选择"长日期"格式。

⑤在"电话"字段的"格式"属性框中输入(@@@)@@@@−@@@@。

⑥在"快速访问选项卡"上单击"保存"按钮。

⑦单击选项卡"视图"按钮,查看属性设置产生的效果。

4."输入掩码"属性

使用"输入掩码"属性可帮助用户按照规定的格式输入数据,防止错误的输入,保证输入的正确。"输入掩码"属性可用于"文本"、"数字"、"日期/时间"和"货币型"字段。除了采用默认的掩码,还可以使用"输入掩码向导"设置新的掩码,例如输入邮政编码时,只能输入 6 位数字。创建输入掩码时,可以使用特殊字符来要求输入某些必需的数据,特殊字符的含义见表 3.13。

表 3.13　用定义输入掩码的字符

字　符	说　　明
0	数字(0 到 9,必选项。不允许使用加号［＋］和减号［−］)
9	数字或空格(非必选项。不允许使用加号和减号)
＃	数字或空格(非必选项。空白将转换为空格,允许使用加号和减号)

续表

字　符	说　　明
L	字母(A 到 Z,必选项)
?	字母(A 到 Z,可选项)
A	字母或数字(必选项)
a	字母或数字(可选项)
&	任一字符或空格(必选项)。
C	任一字符或空格(可选项)。
. , : ; – /	十进制占位符和千位、日期和时间分隔符(实际使用的字符取决于 Microsoft Windows 控制面板中指定的区域设置)
<	使其后所有的字符转换为小写
>	使其后所有的字符转换为大写
!	使输入掩码从右到左显示,而不是从左到右显示。键入掩码中的字符始终都是从左到右填入。在输入掩码中的任何地方都可包含感叹号
\	使其后的字符显示为原义字符。可用于将该表中的任何字符显示为原义字符(例如,\A 显示为 A)
密码	将"输入掩码"属性设置为"密码",以创建密码项文本框。文本框中键入的任何字符都按字面字符保存,但显示为星号(＊)

例如:

输入掩码定义　　　　　允许值示例

999999　　　　　　　　123456(000) 000－0000

　　　　　　　　　　　(　　) 234－0248

(000) AAA－AAAA　　(206) 234－TELE

　　输入掩码主要用于文本和日期/时间字段,也可以用于数字或货币字段。定义字段的输入掩码时,可通过输入掩码右边的 ··· 按钮,打开输入掩码向导,如图 3.17 所示。

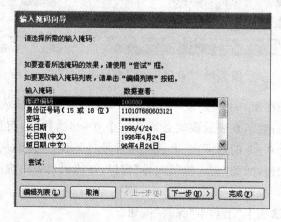

图 3.17　输入掩码向导

　　也可直接在输入掩码框中输入表达式,但这时一定要注意其定义形式。输入掩码定义包括用分号隔开的三部分,用分号隔开,第一部分是强制的,其余部分是可选的。

　　第一部分定义掩码字符串,由占位符和原义字符组成。第二部分决定是否保存原义显示字符,输入 0 表示以输入的值保存原义字符,输入 1 表示只保存数据。第三部分定义用来指示数据位置的占位符。默认情况下,Access 使用下划线"_"。如果希望使用其他字符,请在掩码的第三部分输入该字符。

　　例如,电话号码的输入掩码可以设置为"(999)0000−0000;0;−"。

　　在本例中,第一部分输入的掩码使用 9 和 0 两个占位符。9 为可选位,而 0 为必填位。第二部分中的 0 指示随数据一起存储掩码字符,该选项使数据更易读。最后,第三部分将短划线"−"而不是将下划线"_"指定为占位符。如果输入数据 89571234,保存为 (　)8957−1234。

　　【例 3-7】 为"会员"表中的"电话"字段设置掩码,要求使该字段的输入为 8 到 11 位数字,地区码 3 位,可选,其余 8 位是必填项,中间以"−"分隔。做法是先使用"输入掩码向导"创建一个新的掩码格式,然后再选择该掩码格式。

　　操作步骤如下。

　　①在导航窗格中的表对象列表中双击"会员"表。

　　②在"开始"选项卡的"视图"组中,单击"视图",弹出设计视图窗口。

　　③在"会员"表的设计视图中,选择"电话"字段,单击字段属性中的"输入掩码"框右边的掩码向导按钮 ,弹出"输入掩码向导"窗口(图 3.17)。

　　④单击"编辑列表"按钮,弹出"自定义'输入掩码向导'"窗口中(图 3.18)。

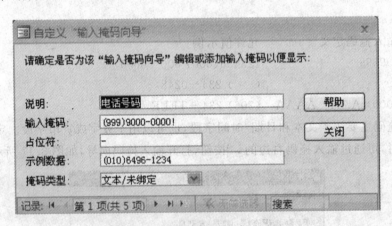

图 3.18 "自定义'输入掩码向导'"窗口

　　⑤单击添加记录按钮 。在"说明"框填写"电话号码",在"输入掩码"框填写"(999)0000−0000!"。说明:数字 0 表示该位必须是一个 0~9 的数字,而且是必填项。数字 9 表示该位必须是一个 0~9 的数字,是可选项。符号"!"使输入掩码从右到左显示。

　　⑥单击"关闭"按钮,回到"输入掩码向导"窗口,在掩码列表中选择"电话号码"。单击"完成"按钮,返回设计视图。

　　⑦在"快速访问选项卡"上单击"保存"按钮。

⑧单击选项卡中的"视图"按钮,输入电话号码,查看属性设置产生的效果。

练习 3.3

(1)将"雇员"表的"雇用日期"字段的默认值属性设置为当天。提示:使用 date( ) 函数。

(2)将"会员"表的"生日"字段的掩码属性设置为"中日期",即 yy-mm-dd 形式,"邮编"字段的掩码属性设置为"邮政编码"形式。

5.标题

"标题"属性值将取代字段名,在数据表视图的标题行中显示。字段"标题"属性的默认值是该字段名,它用于表、窗体和报表中。利用"标题"属性,可以让用户用简单字符定义字段名,在"标题"属性中输入完整的名称,这样做可以简化表的操作。比如将"电话"字段的"标题"属性值设置为"家庭电话"。

6.有效性规则与有效性文本

"有效性规则"是实现"用户定义完整性"的主要手段,利用该属性可以防止将非法数据输入到表中。在"字段有效性规则"属性框中输入检查表达式,来保证所输入数据的正确性。有效性规则的形式以及设置目的随字段的数据类型不同而不同。

"有效性文本"是指当输入了违反字段有效性规则的值时显示的出错提示信息,此时用户必须对输入的字段值进行修改,直到正确为止。如果不设置"有效性文本",出错提示信息为系统默认显示信息。

【例 3-8】 "会员"表的"性别"字段只能输入"男"或"女",将"电话"字段的"标题"属性值设置为"家庭电话"。

操作步骤如下。

①在导航窗格中的表对象列表中双击"会员"表,打开该表。

②在"开始"选项卡的"视图"组中,单击"视图",弹出设计视图窗口。

③在"会员"表设计视图的"性别"字段的"有效性规则"属性框中输入:男 or 女。键入回车键,系统会自动添加引号。

④在"性别"字段的"字段有效性文本"属性框中输入"输入性别有误!"(图 3.19)。

⑤在"电话"字段的"标题"属性文本框中输入"家庭电话"。

⑥在"快速访问选项卡"上单击"保存"按钮。

⑦在选项卡中单击"视图",打开"学生"表,单击添加记录按钮 ,在"性别"字段分别输入"男"、"女"和"male",观察效果。

在输入有效性规则时,也可单击有效性规则框右边的 ... 按钮,打开表达式生成器(图 3.20),完成字段有效性规则表达式。生成器上方是一个表达式框,下方是用于创建表达式的元素。将这些元素粘贴到表达式框中可形成表达式,也可直接键入表达式。生成器中间是常用运算符按钮,单击某个按钮,就会在表达式框中插入相应的运算符。

有些约束条件涉及多个字段,其"有效性规则"/"有效性文本"需要在"属性表"中设置。

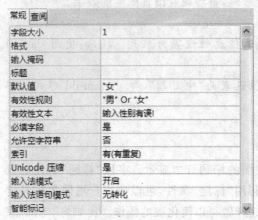

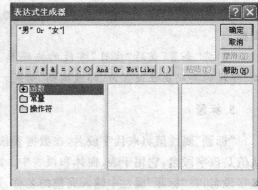

图 3.19　"性别"字段的属性设置　　　　　　　　　　图 3.20　表达式生成器

【例 3-9】　当添加"销售订单"表的新记录时,"销售日期"和"送货日期"字段的默认值为当天日期,并要求"送货日期"在"销售日期" 7 天内。

要使字段的默认值为当天日期,应将字段的默认值属性设置为"＝date()",date() 是 Access 提供的函数,通过该函数能够获得计算机系统的日期值,只要计算机系统的日期值设置正确,就可以产生当天日期。"送货日期"在"销售日期" 7 天内的要求应通过设置表属性实现。

操作步骤如下。

①在导航窗格中的表对象列表中双击"销售订单"表,打开该表。

②在"开始"选项卡的"视图"组中,单击"视图",弹出设计视图窗口。

③在"销售日期"字段的"默认值"属性框中输入"＝date()",在"送货日期"字段的"默认值"属性框中输入"＝date()"。

④单击"表工具-设计"的"显示/隐藏"组的"属性表"按钮 。

⑤在"属性表"窗口(图 3.21)中"有效性规则"框中输入"［送货日期］＜＝［销售日期］＋7",在"有效性文本"框中输入"7 天内必须交货"。

⑥单击"关闭"按钮,返回设计视图。

⑦在"快速访问选项卡"上单击"保存"按钮。

⑧单击选项卡中的"视图"按钮,添加新记录,查看属性设置产生的效果。

练习 3.4

(1)由于该音像店是 2003 年成立的,因此所有订单的销售日期均在 2003 年以后。根据这种情况,请设置"销售订单"表的"销售日期"字段的有效性规则属性和有效性文本属性。

提示:有效性规则属性的表达式是:＞＝＃2003-1-1＃

(2)为了保证"销售记录"的"折扣"值在 0 和 1 之间,将该字段的有效性规则属性设置为:between 0 and 1,有效性文本属性中输入:折扣值在 0 和 1 之间。

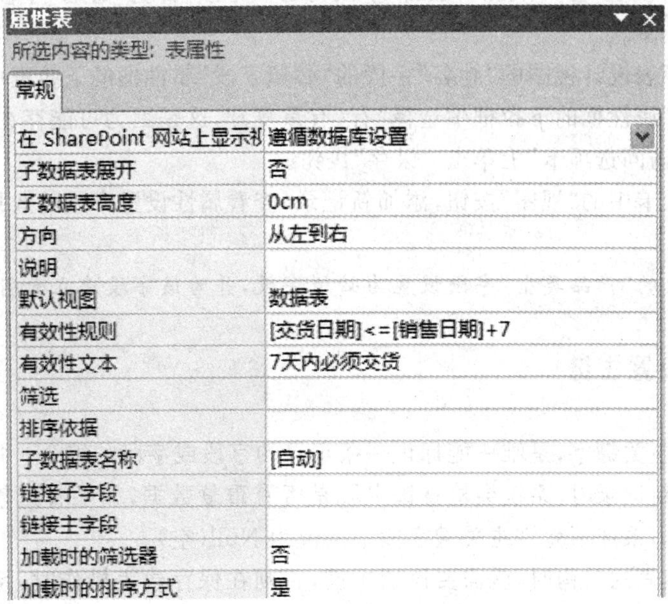

图 3.21 表属性窗口

7. 索引

索引实际上是一种逻辑排序,它并不改变数据表中数据的物理顺序。建立索引的目的是加快查询数据的速度。就像在书中使用索引来查找某些内容一样。可以建立索引属性字段的数据类型为"文本"、"数字"、"货币"或"日期/时间"。

既可以建立基于单个字段创建索引,也可以基于多个字段来创建索引。使用多个字段索引进行排序时,一般按索引中的第一个字段进行排序,如果第一个字段有重复值,则系统会使用索引中的第二个字段进行排序,依次类推。

索引属性可以分为"无"、"有(无重复)"和"有(有重复)"三种,默认值为"无",如果设定为"有(无重复)"的索引,在输入数据时,可以自动检查是否重复。如果表的主键为单一字段,系统自动为该字段创建索引,索引值为"有(无重复)"。

索引可以提高查询速度,但维护索引顺序是要付出代价的。当对表进行插入、删除和修改记录等操作时,系统会自动维护索引顺序,也就是说索引会降低插入、删除和修改记录等操作的速度。所以,建立索引是个策略问题,并不是建越多越好。

8. 必填字段

"必填字段"属性取值为"是"和"否"两项,当取值为"是"时,表示该字段的内容不能为空,必须填写。一般情况下,作为主键字段的"必填字段"属性为"是",其他字段的"必填字段"属性为"否"。

总之,这些属性都是为了提高数据的规范、正确和有效。读者可以在应用的过程中,逐步认识它们的作用。

【例 3-10】 设置"会员"表的"姓名"字段为必填字段,并为"姓名"字段建立索引。

操作步骤如下。

①在"会员"表设计视图的"姓名"字段的"必填字段"属性框的下拉框中选择"是"。

②在"索引"属性框的下拉框中选择"有(有重复)",这是因为可能存在重名的可能。

③在"快速访问选项卡"上单击"保存"按钮。

④单击选项卡中的"视图"按钮,添加新记录,查看属性设置产生的效果。

练习 3.5

将"产品"表的"产品类型"字段设置为必填字段,并为该字段建立索引。

3.3.3 设置主键

主键,也叫主关键字,是唯一能标识一条记录的字段或字段的组合。指定了表的主键后,在表中输入新记录时,系统会检查该字段是否有重复数据,如果有则禁止重复数据输入到表中。同时,系统不允许主关键字字段中的值为 Null(空)。

一般在创建表的结构时,就需要设置主键,否则在保存建表操作时,系统会询问是否要创建主键。如果选择"是",系统将自动创建一个"自动编号(ID)"字段作为主键。该字段在输入记录时会自动输入一个具有唯一顺序的数字。

定义主键时,先要指定作为主键的一个或多个字段,如果只选择一个字段,可单击字段所在行的选定按钮,若需要选择多个字段作为主键,可先按下"Ctrl"键,再依次单击这些字段所有行的选定按钮。

指定字段后,单击选项卡的"主键"按钮 🔑,或在鼠标右键菜单中选择"主键"命令,或直接单击选项卡上的"主键"按钮,即可把该字段设为表的主键。如果主键在设置后被发现不适用或不正确,可以通过"主键"按钮取消原有的主键。

【例 3-11】 根据表 3.5"销售记录"表结构,用设计视图的方法建立"销售记录"表,并设置主键。

"销售记录"表的每条记录代表某个销售订单所采购的某种产品的数量,因此它的主键由"订单 ID"和"产品 ID"两个字段形成的复合主键。

操作步骤如下。

①单击"创建"选项卡,在"表"组中,单击"表设计",打开设计视图。

②在设计视图中,依次输入字段名、字段类型等(图 3.22)。

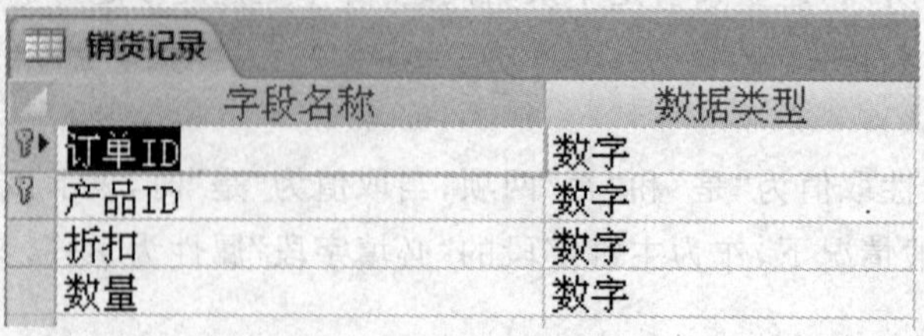

字段名称	数据类型
订单 ID	数字
产品 ID	数字
折扣	数字
数量	数字

图 3.22 "销售记录"表设计视图

③设置主键。按下 Ctrl 键,再依次单击"订单 ID"和"产品 ID"两个字段的选定按钮。单击选项卡的"主键"按钮,这两个字段出现主键标志(图 3.22)。

练习 3.6

检查目前所创建的表是否建立了主键,如果没有,指定主键字段,设置主键。

3.4　设定表关系

Access 是一个关系型数据库。在关系型数据库中,用户建立了所需要的表后,还要创建表之间的关系。

在第 2 章中介绍了通过 E-R 图描述实体之间的关系的方法,现实生活中的实体在数据库中表现为表,实体之间的关系演变成表之间的关系。即存在一对一、一对多、多对多三种关系,表之间的关系由字段来联系。该字段分别在两个表中,它们的类型和大小必须相同,字段名可以相同,也可以不同。建立表的关系就是让不同表中的两个字段建立联系以后,表中的其他字段自然也就可以通过这两个字段之间的关系联系在一起了。

建立表之间的关系,可以减少数据的冗余和错误。比如在"销售记录"表中只有"产品 ID"字段,而没有"产品名称"等与产品相关的字段,因为"销售记录"表可以通过与"产品"表的关系中,从"产品"表中获取包括产品名称在内的产品信息,这样的处理即可以减少数据的输入量。也可以避免因输入的不一致而造成错误。

关系将数据库里表之间的记录都互相联系,使得对一个表中数据的操作有可能影响其他表的数据,正所谓"牵一发而动全身"。比如:通过"产品 ID"将"销售记录"与"产品"表联系起来,这样只需要输入一个产品 ID 号,就可以将该产品以及该产品销售信息都调出来使用,非常方便。不过如果在"产品"表中删除一个产品的记录,它会影响"销售记录"表中关于这个产品的记录。

3.4.1　表关系

所谓关系,指的是两个表中都有一个相同的数据类型、大小的字段,利用这个字段建立两个表之间的关系。通过这种表之间的关联性,可以将数据库中的多个表联结成一个有机的整体。关系的主要作用是使多个表中的字段协调一致,以便快速地提取信息。

例如,在罗斯文示例数据库中,"员工"表存储的是公司内部人事的基本数据,而"客户"表是某位员工所接洽的客户清单,两者之间可以通过某种字段相互联系起来,让用户只需输入员工编号,就可以查出该员工接洽的所有客户。

如果两个表使用了共同的字段,就应该为这两个表建立一个关系,通过表间关系就可以指出一个表中的数据与另一个表中数据的相关方式。表间关系如表 3.14 所示。

表 3.14　表间关系

类　型	描　　述
一对一	一个表中的每个记录只与第二个表中的一个记录匹配,反之亦然
一对多	一个表中的每个记录与第二个表中的一个或多个记录匹配,第二个表中的每个记录只能与第一个表中的一个记录匹配
多对多	一个表中的每个记录与第二个表中的多个记录匹配,反之亦然

3.4.2　创建表关系

1.建立表关系前的准备工作

首先,根据 E-R 图确定表之间的关系,比如在第 2 章的"音像店管理"数据库例子中,通过 E-R 图(图 2.11)确定各表间的关系和匹配字段(表 3.15),就可以在表关系视图中创建表之间的关系了。

表 3.15　"音像店管理"表的联系

表	联系	匹配字段	说　　明
会员与销售订单	一对多	会员 ID	每个会员签一次或多次销售订单,每张订单只属于某个会员的
销售订单与销售记录	一对多	订单 ID	每张销售订单选购了一种或一种以上的商品
产品与销售记录	一对多	产品 ID	产品会出现在多个销售记录中

保证在两个表中建立关系的相关字段(即匹配字段)的类型和大小相同,名称可以不同,建议采用相同的字段名称。重要的是匹配字段必须有相同的字段类型,并具有相同的"字段大小"属性设置。不过主键字段如果是"自动编号"字段,由于"自动编号"的"字段大小"为长整形,所以它可以和一个类型为"数字","字段大小"属性均为"长整型"的字段相匹配。

其次,如果两个表存在一对一关系,则建立关系的字段均为主键。如果两个表存在一对多关系,在"一"方表中,该字段为主键,在"多"方表中,该字段不是主键。比如"产品 ID"字段是"产品"表的主键,但不是"销售记录"表的主键。

2.创建表之间的关系

【例 3-12】　设置"音像店管理"数据库"会员"表和"销售订单"表间的关系。

操作步骤如下。

①在"数据库工具"选项卡的"显示/隐藏"组中单击"关系"　(图 3.23)。

图 3.23 "显示/隐藏"组   图 3.24 "关系"组

②如果没有定义任何关系，Access 会在弹出"关系"窗口的同时弹出"显示表"对话框（图 3.25）。或在"关系工具-设计"选项卡的"关系"组中单击"显示表"（图 3.24），打开"显示表"对话框（图 3.25）。

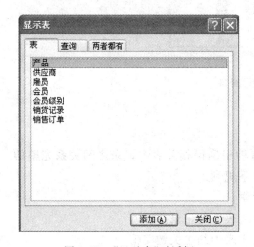

图 3.25 "显示表"对话框

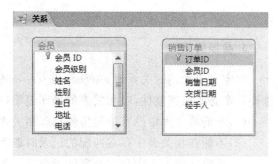

图 3.26 "关系"窗口

③选中对话框中的"会员"表和"销售订单"表，单击"添加"按钮，将所需要的表加入到"关系"窗口中，如图 3.26 所示，关闭"显示表"对话框。

④"会员"表和"销售订单"表的关系是通过匹配字段"会员 ID"实现。"会员 ID"是"会员"表的主键，该表称为主表。在窗口中选中"会员"表的"会员 ID"字段，拖动鼠标到目的表"销售订单"表上方，然后放开左键，会弹出"编辑关系"对话框，如图 3.27 所示。

提示：可以随时调整"关系"对话框中表所在的位置，拖动标题行移动表，拖动边框缩放表。

在图中显示了相关联的两个字段，说

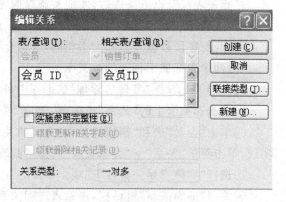

图 3.27 "编辑关系"对话框

明它们的关系类型为"一对多",即"会员"表中的一个记录对应"销售订单"表中的多个记录。也就是说,一个会员有多个订单。

　　⑤按下"创建"按钮完成两个表间的连接操作。

　　⑥用同样方法,依次建立其他几个表间的关系,如图 3.28 所示。

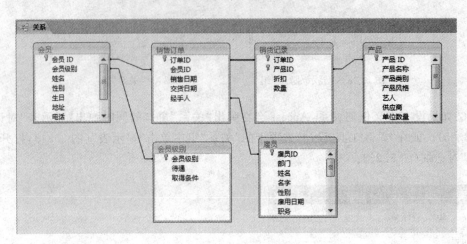

图 3.28　"关系"窗口

3. 参照完整性

　　在定义表之间的关系时,Access 设立一些有助于确保相关表中记录之间关系完整的准则。实施参照完整性,对相关表的操作遵循以下规则。

　　(1)不能将主表中没有的键值添加到相关表中。

　　(2)不能在相关表中存在匹配的记录时删除主表中的记录。

　　(3)不能在相关表中存在匹配的记录时更改主表中的主关键字值。

　　也就是说,实施了参照完整性后,对表中主关键字字段进行操作时系统会自动地检查主关键字字段,看看该字段是否被添加、修改或删除。如果对主关键字的修改违背了参照完整性的要求,那么系统会自动强制执行参照完整性。

　　在相关表符合以下条件时,才能实施参照完整性。

　　(1)主表的匹配字段是主键,或设置成"有(无重复)"类型的索引。

　　(2)匹配字段数据类型和大小相同,或符合要求的不同类型,比如自动编号与长整型。

　　(3)两个表都属于相同的数据库。

　　【例 3-13】　设置"音像店管理"数据库中各表间"实施参照完整性"的关系。

　　①单击选项卡上的"关系"按钮 🔠,显示"关系"视图窗口(图 3.28)。

　　②单击"会员"表和"销售订单"表之间的关系连线,选中后关系连线由细实线变成粗实线,单击菜单"关系"→"编辑关系",打开"编辑关系"对话框,如图 3.27 所示。

　　③选择"实施参照完整性"选项。

　　④关闭"编辑关系"对话框,注意表之间关系连线已由一条细线变为显示一对多的连线,如图 3.29 所示。

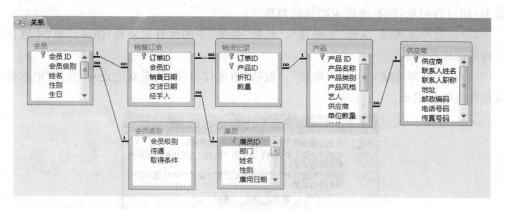

图 3.29 选择"实施参照完整性"选项的"关系"窗口

练习 3.7

用同样方法,依次建立其他几个表间的关系,并选择"实施参照完整性"选项,如图 3.29 所示。

4. 级联更新相关字段和级联删除相关记录

如果选择"实施参照完整性"选项,同时可决定是否设置"级联更新相关字段"、"级联删除相关记录",这两个选项的目的同样是为了维护数据库的完整性,如图 3.27 所示。

(1)级联更新相关字段

如果不选择该选项,则不能随意更改源表中记录的主键值。而选择了该选项,则更改源表中记录的主键值时,Access 都会自动将相关表的中的相应字段更新为新值。例如修改了"会员"表的"会员 ID"值,则在有关联的"销售订单"表中,将会自动修改这个会员的"会员 ID"值,以维持它们之间的参照完整性关系。

(2)级联删除相关记录

如果不选择该选项,由于主表与相关表的连接关系,则不能随意删除主表的记录。如果选择了该选项,则在删除源表中的记录时,Access 将会自动删除相关表中相关的记录。例如,删除了"会员"表的某个会员记录,则在有关联的"销售订单"表中,将会自动删除这个会员的相关记录,以维持它们之间的参照完整性关系。

3.4.3 修改表关系

1. 关系类型

在"编辑关系"对话框中单击"联接类型"按钮,弹出"联接属性"对话框(图 3.30)。"联接属性"对话框中的 1、2、3,分别对应"内部连接"、"左边外部连接"和"右边外部连接"。

(1)内部连接,Access 中默认的关系为内部连接,又称"自然联接"。即只选择两个表中字段值相同的记录。例如,在对"会员"表和"销售订单"表的查询时,只包含两个表中会员 ID 相同的记录,而不挑选未购物的会员。

(2)左边外部连接,又称"左联接"。包括"会员"中的所有记录和"销售订单"中联接字段相等的那些记录。

(3)右边外部连接,又称"右联接"。包括"销售订单"中的所有记录和"会员"中联接字段相等的那些记录。

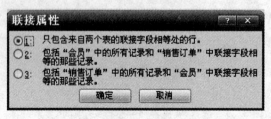

图 3.30 "联接属性"对话框

2. 修改或删除表的关系

表之间的关系并不是一成不变的,可单击所要修改的关系连线,通过选项卡中的按钮,或双击所要修改的关系连线,可以打开关系视图窗口,显示和修改数据库的各表之间的关系。

如果要删除两个表之间的关系,可单击所要删除的关系连线,然后按"Del"键即可。

3.4.4 主表与子表

建立表之间的关系以后,Access 会自动在主表的数据表视图中显示子表数据。主表是在"一对多"关系中"一"方的表,子表是在"一对多"关系中"多"方的表,在主表中的每一个记录下面都会带着一个甚至几个子表。比如"会员"表和"销售订单"表存在一对多关系,主表是"会员"表,子表是"销售订单"表。

【例 3-14】 了解"会员"表的主表与子表的关系。

操作步骤如下。

①打开"会员"表(图 3.31)。

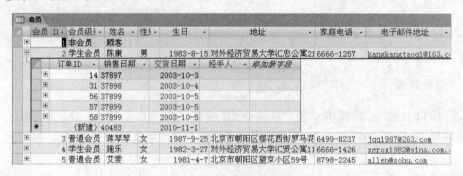

图 3.31 主表和子表

②单击"＋"号,则"＋"号变成"－"号,同时展开子表,显示主表的记录在子表所对应的记录。图 3.31 所示的子表是会员 ID 为"2"在"销售订单"表中订购单。

在"开始"选项卡的"记录"组中单击"其他",在"子数据表"子菜单(图 3.32)中,有三个命令"全部展开"、"全部折叠"和"删除","全部展开"命令可以将主表中的所有子数据表都展开,"全部折叠"命令可以将主表中的所有子数据表都折叠起来。如果不需要在主表中显示子数据表的这种方式时,就可以使用"删除"命令把这种用子数据表显示的方法删除。但这时两个表的关系并没有被删除。

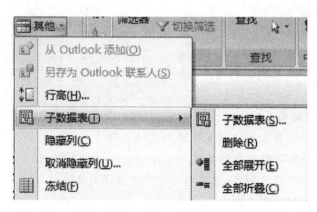

图 3.32　"子数据表"命令

练习 3.8

了解"产品"表的主表与子表的关系。

3.4.5　关系的完整性

关系模型的完整性规则是对关系的一种约束条件。在关系模型中有 3 类完整性约束:实体完整性、参照完整性和用户定义完整性。其中实体完整性和参照完整性是关系模型必须满足的完整性约束条件,它由关系系统自动支持。

1. 实体完整性(entity integrity)

设置主键是为了确保每个记录的唯一性,因此各个记录的主键字段值不能相同,也不能为空。如果唯一标识了数据库表的所有行,则称这个表展现了实体完整性,实体完整性要求关系的主键不能取重复值,也不能取空值。

2. 参照完整性(referential integrity)

参照完整性规则定义了外键与主键之间的引用规则。即在建立表关系时,选择实施参照完整性。如"会员级别"字段是"会员级别"表的主键,在"会员"表中是外键,在"会员"表中该字段的值只能取"会员级别"表中"会员级别"字段的其中值之一,或取"Null"。

3. 用户定义完整性

实体完整性和参照完整性适用于任何关系数据库系统。而用户定义的完整性规则是针对某一具体数据库的约束条件,由应用环境决定。它反映某一具体应用所涉及的数据必须满足的语义要求。通常用户定义的完整性主要是字段级/记录级有效性规则。设置字段的有效性规则就是实现用户定义的完整性规则。

思考题和习题

一、选择题

1. Access 2007 提供的新的数据类型是(   )。

(A)附件   (B)备注   (C)货币   (D)日期/时间

2. 建立索引的目的是(   )。

(A)可以快速地对数据表中的记录进行查找或排序

(B)可以加快所有的操作查询的执行速度

(C)可以基于单个字段创建,也可以基于多个字段创建

(D)可以对所有的数据类型

3. 会员级别表与会员表之间存在(   )的关系。

(A)一对一   (B)多对一   (C)一对多   (D)多对多

4. 如果表中有"电话"字段,若要确保输入的联系电话值只能为 8 位数字,应将该字段的输入掩码设置为(   )。

(A)00000000   (B)99999999   (C)########   (D)????????

5. 若在日期型查询字段的表达式框中输入了条件表达式:

Between #2006/1/11# and #2006/6/1#

下列哪一个表达式与其功能等价(   )。

(A)like "2006/1/11" and like "2006/6/1"

(B)like (#2006/1/11# and #2006/6/1#)

(C)in("2006/1/11", "2006/6/1")

(D)>=#2006/1/11# and <=#2006/6/1#

6."产品"表的"产品类型"字段是(   )。"产品类型"表的"产品类型"字段是(   )。

(A)主键   (B)外键   (C)都是   (D)都不是

7. 下列关于表中主键的不正确描述是(   )

(A)表中可以不设置主键

(B)主键可以是表中的一个或多个字段组成

(C)主键段的值不能重复

(D)主键段的值可以为空值

二、填空题

1. Access 2007 提供三种创建表的方法,分别是:_____、_____ 及 _____。

2. Access 2007 提供_____、_____、_____、_____、_____、_____、_____、_____和_____10 种数据类型。

3. 在设计视图中,上半部分包含三项属性,分别是_____、_____及字段说明。

4. 作为主键的字段的值不能出现_____和_____。

5. 在"编辑关系"窗口中,当选择"实施参照完整性"选项后,选择_____及_____复选框,可以覆盖、删除或更改相关记录时,仍然保持参照完整性。

三、思考题

1. 数据表设计中字段命名应符合哪些规则?

2. 什么是主键? 主键与外键有什么关系?

3. 举例说明定义字段时,如何选择数据类型。

4. 举例说明字段的有效性规则属性和有效性文本属性的意义和使用方法。

5. 试述"输入掩码"的用途及设计方法。

6. 什么是主表和子表?

7. 通过直接输入数据来创建表时,能否修改字段的定义? 如何修改?

8. 举例说明如何使用向导创建值列表字段?

9. 以罗斯文示例数据库为例,说明关系型数据库是如何实现数据库中数据的连接的。

10. 举例说明在"关系视图"中修改表与表之间关系的方法。

11. 什么是参照完整性? 如何实施参照完整性?

实验

练习目的

　学习如何创建和修改表和表结构。

练习内容

1. 完成本章的例题和练习内容。

2. 建立"图书借阅"数据库。

3. 在"图书借阅"数据库中建立 4 个表。

(1)"图书"表

字段名称	字段类型	字段大小	是否是主键	说明
书号	文本	10	是	
书名	文本	30		
作者	文本	10		
出版社	文本	30		
价格	货币			
是否借出	是/否型			
评论	附件			

(2)"借书证"表

字段名称	字段类型	字段大小	是否是主键	说明
借书证号	文本	10	是	
姓名	文本	30		
登记日期	日期			
是否有效	是/否型			
类型	数字	长整型		

(3)"借书证类型"表

字段名称	字段类型	字段大小	是否是主键	说明
类型	数字	自动编号	是	
可借阅天数	数字	整型		

(4)"借阅登记"表

字段名称	字段类型	字段大小	是否是主键	说明
流水号	自动编号型		是	
借书证号	文本	10		
书号	文本	10		
借阅日期	日期			
还书日期	日期			

4. 设置字段的属性。

(1) 所有日期型字段的格式设置为长日期。

(2) "登记日期"和"借阅日期"字段的默认值为当天日期,注:利用日期函数 date()。

(3) "借书证"表的"是否有效"字段的默认值属性设置为 True,表示该借书证有效。

(4) "图书"表的"是否借出"字段的默认值属性设置为 False,表示该图书没有被借出。

(5) "图书"表的"价格"字段设置有效性规则,保证价格不能小于零。

(6) 为"图书"表的"书名"字段设置索引。

(7) "借阅登记"表的"借书证号"字段和"书号"字段为必填字段。

(8) 设置"借书证"表的"借书证号"的掩码属性,确保输入 10 位数字。

(9) 建立"图书"表和"借阅登记"表的一对多的关系。

(10) 建立"借书证"表和"借阅登记"表的一对多的关系。

(11) 建立"借书证类型"表和"借书证"表的一对多的关系。

第 4 章

Access 表的使用

在建立数据库和表的基础上,本章将重点讲述表的使用和编辑,数据的排序和筛选,以及 Access 如何与外部共享数据等内容,难点是如何筛选出符合要求的记录。

【本章要点】
- 数据的输入、修改和编辑
- 数据的排序
- 数据的筛选

4.1 输入数据

创建了表,就如同在纸上画好图表的框架,接下来需要使用这些表,包括数据的输入、修改、查看、排序、打印、查找和筛选数据等。

表结构设计好后,就可以在数据表视图或窗体中输入和修改数据记录。在数据表视图中光标所在的单元格中操作数据,与 Excel 输入数据的方法基本相同。但是,完成字段相关属性的设置,比如"掩码"、"有效性规则"和"默认值"属性,设置字段"查阅向导"型等,并建立了表之间的关系后,这些操作都有助于数据输入的准确、快捷和方便。相关的内容可参阅第 3 章。

在输入数据时,若两张表的联系是一对多,应先输入在联系中处于"一"的基础表的数据,然后输入相关表的数据。例如"产品类型"表的数据,然后输入"产品"表的"产品类型"字段的数据时,就能利用设置"查阅向导"型,从下拉列表中选取"产品类型"值。

首先,建立并打开本章所用的数据库。

①单击"Office 按钮",然后单击"打开",在"..\数据库\第 4 章"文件夹中单击"音像店管理"。

②单击消息栏上的"选项",选择"启用此内容",单击"确定"。

4.1.1 添加新记录

可以利用以下任一方法在数据表中添加记录:

(1)单击数据表的最后一行,该行的记录指针是一个星号。

(2)单击记录导航器的新记录按钮。

(3)单击功能区上"记录"组中的"新建"按钮。

【例 4-1】 以输入"员工"表的记录为例,分别介绍几种数据类型的输入方法。

①单击"Office 按钮",然后单击"打开",在"..\数据库\第 4 章"文件夹中单击"音像店管理"。

②在"导航窗格"双击打开"员工"表,打开数据视图。

③单击记录导航器上的"新记录"按钮 ，使光标移到新记录上。

在数据表视图中,显示被打开表中所有的记录。如果是刚创建的表,则显示一个空白的数据表,在记录的第 1 行左端记录选择器包含一个星号,说明这是一条新记录。

添加记录或编辑时,可以按"Enter"键或"Tab"键在字段之间移动。

4.1.2 数据输入

数据输入与字段的数据类型紧密相关,以下简单介绍各种数据类型的输入。

1. 文本、数字、货币型

如果要输入文本、数字、货币型数据,可直接在单元格中输入。如果该字段设置了掩码属性,则需要按照掩码的规则输入数据。

2. 自动编号型

添加新记录时,自动编号类型的字段中的值会自动产生,不需要输入,也不允许改动。

3. 是/否型

在"中止"字段的网格中,显示了一个复选框■。选中则表示输入"是",反之则表示输入了"否"。

4. 日期/时间型

输入日期/时间型数据时,可按最简捷的方式键入,不需键入整个日期。Access 会自动按设计表时在格式属性中定义的格式显示这类数据。或者单击右侧的日期图标■■，会弹出内置交互式日历(图 4.1),可进行日期的输入。

例如,在"雇用日期"字段中键入"10-8-18",其显示方式按该字段"格式"属性设置显示,若设置为"长日期",则会自动显示为"2010 年 8 月 18 日"。

图 4.1 输入日期

5. OLE 型

可以使用插入对象的方式来输入 OLE（对象链接和嵌入）对象型数据，但不能看到这些对象，可以在窗体对象中查看。OLE 对象包括位图图片、JPG 图片、音频文件、Excel 文档等。在 Access 2007 中操作更为简单，可以在选中的网格中直接粘贴位图图片。

例如，将光标移到"员工"表的"照片"字段的单元格，右击，在快捷菜单中单击"插入对象"命令，打开"插入对象"对话框，如图 4.2 所示。

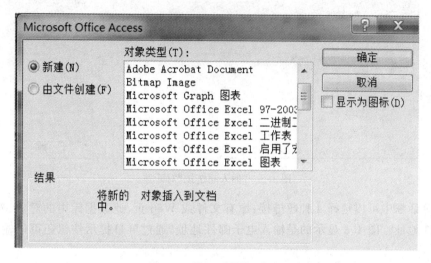

图 4.2 "插入对象"对话框

如果选择"新建"，则在对话框的"对象类型"列表中选择某个对象类型，可以通过与这些对象相关联的程序创建新的对象，并插入到字段中。比如要画一张图片，则选择"Bitmap Image"，单击"确定"，系统将打开"画笔"程序，画完后单击"保存"，所绘图片将插入到字段中。

若选择"由文件创建"，则可通过浏览功能选择一个对象文件。单击"确定"按钮，该文件插入到字段中。比如，浏览并选择一张已存储的图片文件，便可将选中的图片插入到该"照片"字段。

说明：OLE 对象型数据在数据表视图中只标注插入对象的类型，比如"Bitmap Image"、"位图图片"、"包"等。在窗体视图中，如果是"位图图片"，则直接显示图片；如果是其他类型的对象，双击该对象框，系统会自动调用相关对象程序。比如插入的对象是音频文件，双击该对象框，将播放音乐。

6. 备注型

输入备注型数据时，可直接在备注型字段单元格中输入内容。由于备注型数据可以多达 64K，经常采用"复制"→"粘贴"方式，从现有的 Word 文档中粘取文字。

7. 超链接型

超链接型数据的输入，可用"插入超链接"对话框来实现。如在输入表中的"电子邮件地址"字段时，右击鼠标，在快捷菜单中单击"超链接"→"编辑超链接"命令，打开"插入超链接"对话框，如图 4.3 所示。

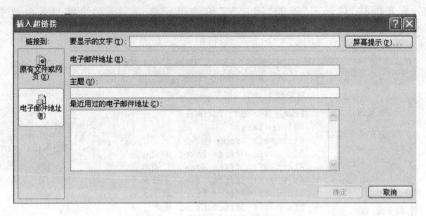

图 4.3　"插入超链接"对话框

在对话框中可以选择 4 种超链接：原有文件或 Web 页、此数据库中的对象、新建页、电子邮件地址。图 4.3 显示的是输入电子邮件地址，通过屏幕提示按钮还可以输入提示信息。

4.1.3　使用"查阅向导"类型

在有些情况下，表中某个字段的数据也可以取自于其他表中的某个字段的数据，或者取自于固定的数据。在 Access 提供字段的数据类型（表 3-2）中，"查阅向导"是一种特殊的类型，它利用列表框或组合框，从另一个表或值列表中选择值。这样做方便数据的输入，并减少输入的错误。

【例 4-2】　将"会员"表中的"性别"字段类型设置为查阅向导型。

操作步骤如下。

(1)在"会员"表设计视图的"性别"字段的"数据类型"下拉列表中选择"查阅向导"。

(2)在"查阅向导"对话框（图 4.4）中有两个选项：①使用查阅列查阅表或查询中的值：数据的来源是其他表的某些字段。②自行键入所需的值：所查询的值由用户预先输入。本例选择后者。

(3)在输入列（图 4.5）中键入所需的值"男"和"女"，单击"下一步"，完成操作。

(4)单击选项卡中的"视图"按钮，打开"会员"表，输入记录时，单击"性别"字段的下拉按钮，出现下拉框，选择所需值。

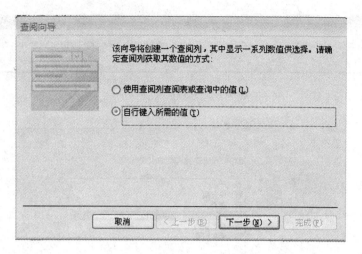

图 4.4 "查阅向导"对话框

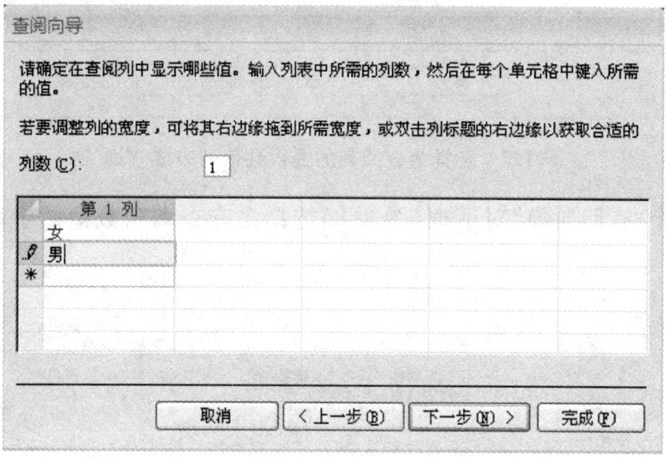

图 4.5 输入所需的值

【例 4-3】 将"销售订单"表中"会员 ID"字段类型改为查阅向导型。

操作步骤如下。

(1)在"销售订单"表设计视图的"会员 ID"字段的"数据类型"下拉列表中选择"查阅向导"。

(2)在"查阅向导"对话框(图 4.4)选择"使用查阅列查阅表或查询中的值"选项,单击"下一步"。

说明:如果"销售订单"表的"会员 ID"字段与"会员"表的"会员 ID"字段建立了关系,则不能改变字段的数据类型,也就不能改为查阅向导型。系统会弹出提示窗口(图 4.6)。所以在改动之前,需要在"关系"窗口中删除它们之间的关系。

(3)在下一个"查阅向导"对话框(图 4.7)选择为查阅列提供数值的表或查询,"销售订单"的"会员 ID"字段的内容来自"会员"表,选择"会员"表,单击"下一步"。

图 4.6 "查阅向导"对话框

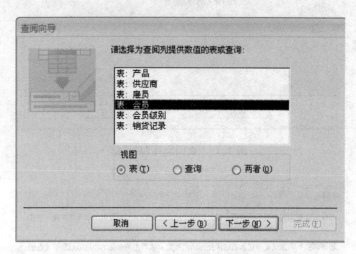

图 4.7 选择为查阅列的提供数值的表或查询

(4)在下一个"查阅向导"对话框(图 4.8)选择含有查询列数值的字段:"会员 ID"和"姓名"字段。

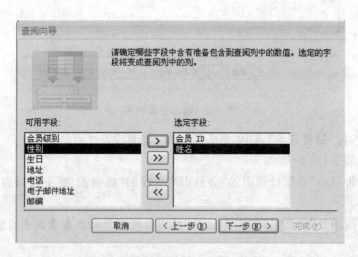

图 4.8 选择为查阅列的提供数值的字段

(5)在下一个"查阅向导"对话框(图 4.9)指定显示的列,选择"隐藏键列"选项,单击"完成"按钮。

(6)单击选项卡中的"视图"按钮,输入记录时,单击"会员 ID"字段的下拉框(图 4.10),选择所需值。由于选择"隐藏键列"选项,"会员 ID" 字段被隐藏,显示是"姓名"字段的内容。

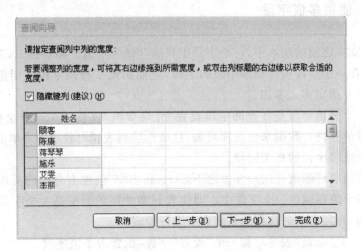

图 4.9 选择为查阅列的提供数值的字段

图 4.10 选择"隐藏键列"的显示效果

当字段类型通过"使用查阅列查阅表或查询中的值"设置成"查阅向导"类型,该表与查阅表建立了一种关系。通过例 4-3,将"销售订单"表中"会员 ID"字段类型改为查阅向导型,所查阅的表是"会员"表。当"会员"表中增加新会员后,新增加的会员会自动出现在"会员 ID"字段的下拉框中(图 4.10)。下一节将详细讨论有关表的关系。

对于字段类型为"查询向导"的字段,在输入时,可以从下拉列表中选取(图 4.11),也可以直接输入数据。

图 4.11 设置了"查阅向导"时输入方式

4.1.4　使用多值字段

Access 2007 之前的版本中,一个字段中只能存储一个值。Access 2007 中,可以创建多值字段,即在一个字段可存储多个值的字段,进而扩展了查阅字段应用范围。例如,你可以为一项任务指定多人参加。

要创建一个多值字段是在查阅字段设置"允许多值"属性。Access 会显示一个像混合组合框控件的控件。数据来自选项列表,且该选项列表相对较小。当单击向下箭头,你可以选择单个或多个值的相关记录。

允许多值的机理隐藏在用户界面之下,Access 2007 创建多对多的关系,数据库引擎并不真正将多个值存储在一个字段中。即使看到和使用的似乎是一个字段,但这些值实际上单独存储,并且在一个隐藏的系统表中进行管理。

【**例 4-4**】　在"会员"表中增加一个"爱好"字段,设置为多值字段。

①在导航窗格中双击"会员"表。

②在"开始"选项卡中的"视图"组,单击"视图"。

③添加"爱好"字段,在"数据类型"下拉列表中选择"查阅向导"。

④在"查阅向导"对话框(图 4.4)选择"自行键入所需的值"选项,单击"下一步"。

⑤在输入列中键入所需的值:流行音乐、乡村音乐、摇滚音乐、古典音乐,单击"下一步"。

⑥选中"允许多值",如图 4.12 所示,单击"完成"。

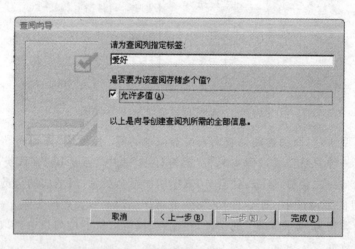

图 4.12　设置"允许多值"属性

⑦在"开始"选项卡的"视图"组中,单击"视图"。

⑧单击"爱好"字段的箭头,在多值选项框(图 4.13)中选择相应选项,结果如图 4.14 所示。

 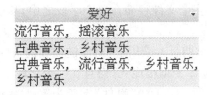

图 4.13 多值选项框　　　　图 4.14 多值选项的结果

练习 4.1

（1）将"产品"表的"单位数量"字段类型采用"查询向导"，使用"自行键入所需的值"方式，键入的值为："单盒"；"单碟"；"双碟"。

（2）将"产品"表的"产品类型"字段类型采用"查询向导"，使用"查阅列查阅表或查询中的值"方式，查阅表来自"产品类型"表。

（3）将"产品"表的"产品风格"字段设置为多值字段。

提示：如果该字段已经设置为查阅向导型，可以改为多值字段，做法如下：

①在"产品"表的设计视图中，单击位于字段属性面板"常规"选项卡右侧的"查阅"选项卡。

②选中"允许多值"属性并单击"是"，如图 4.15 所示。

图 4.15 在"查阅"标签中设置"允许多值"属性

4.1.5 使用"附件型"类型

附件类型是 Access 2007 数据库的一种新的类型，可以将图像、电子表格文件、Word

文档、图表，以及日志文件（.log）、文本文件（.text、.txt）、经过压缩的 .zip 文件等类型的文件附加到数据库记录中，就像在电子邮件中附加文件那样。附件类型可以更有效地存储数据，可以将多个文件存储在单个字段之中，甚至还可以将多种类型的文件存储在单个字段之中。

Access 的早期版本采用了"对象链接和嵌入"技术来存储图像和文档，但是这些文件可能会使得数据库变得很庞大，而且在一个字段中只能保存一个文档。

【例 4-5】 "员工"表的"附件"字段为附件类型，为该表中的第一条记录添加附件文件。操作步骤如下。

①双击第一条记录的"附件"字段，弹出"附件"对话框（图 4.16）。

②在"附件"对话框中单击"添加"。

③在"选择文件"对话框中找到要附加的文件。

④单击"打开"或双击附件，可以查看附加文件的内容。

⑤单击"确定"，将文件附件到记录上。

如果要增加附件，可以重复步骤②至⑤。

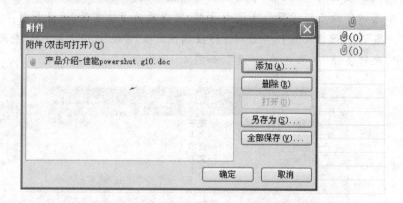

图 4.16　设置了"查阅向导"时输入方式

练习 4.2

给"员工"表中的第二条记录的"附件"字段添加附件文件。

4.1.6　删除记录

删除记录，即将表中不需要的记录删除。Access 能够在表的数据视图中删除单个记录或连续的记录。

【例 4-6】 删除"产品"表的最后两条记录。

①将鼠标移至欲删除记录的行选定器上，按住左键不放，拖拽选取两条记录。

②按"Del"键，或使用快捷菜单上的"删除记录"命令，弹出提示对话框（图 4.17），询问是否删除。若确定要删除记录，单击"是"按钮。

注意：

（1）记录删除后无法恢复，Access 不提供删除标记及恢复功能。

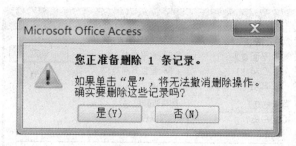

图 4.17　"删除记录"提示对话框

（2）如果建立了表之间的联系，并且在"编辑关系"窗口中选择"实施参照完整性"。比如，"雇员"表与"销售订单"建立一对多的联系，若在"销售订单"记录了该雇员有关的销售记录后，当删除该员工的记录时，就会弹出错误消息对话框（图 4.18）。

图 4.18　删除记录出现的错误消息对话框

（3）若在"编辑关系"窗口中选择"级联删除相关字段"，删除处于"一"方的表中的记录时，会相应删除处于"多"方的表中的相关记录。详见 3.4.2 节。

4.2　数据的显示

在"开始"选项卡的"字体"组中可以改变数据表中字体的显示形式。在"开始"选项卡的"记录"组中单击"其他"可以设置数据表行宽和列高。对于"字体"、"行宽"和"列高"等命令，用户容易理解，不做解释。以下的操作是 Access 数据表中特有的命令，所有这些命令都是在数据表视图中完成。

4.2.1　数据表的显示

通过设置数据表单元格效果、网格线和背景颜色等，可以改变数据表显示效果。

【例 4-7】　改变"员工"表的显示格式。操作步骤如下。

①单击"开始"选项卡的"字体"组右侧"设置数据表格式"　命令，弹出"设置数据表格式"对话框（图 4.19）。

②在"设置数据表格式"对话框中设置单元格显示效果、网格线显示方式、网格线颜色、背景颜色、边框和线条样式等。

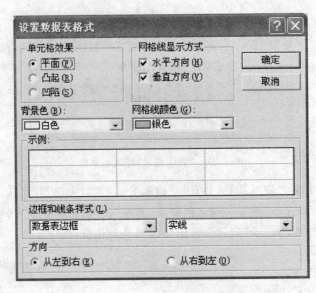

图 4.19 "设置数据表格式"对话框

4.2.2 隐藏列

"隐藏列"命令可以将数据表中用户暂时不关心的列隐藏起来。

【例 4-8】 隐藏"员工"表中的"附件"字段。操作步骤如下。

①选择"附件"字段的任一单元。

②在"开始"选项卡的"记录"组中,单击"其他",选择"隐藏列"(图 4.20)。

"取消隐藏列"命令可以指定字段列的显示或隐藏。操作步骤如下。

①在"开始"选项卡的"记录"组中,单击"其他",选择"取消隐藏列"(图 4.20)。

②在"取消隐藏列"对话框中(图 4.21)复选框被选中的字段为显示列,未选中的字段为隐藏列。

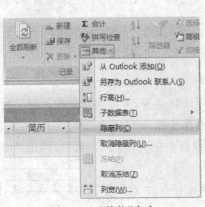

图 4.20 "其他"命令   4.21 取消隐藏列窗口

4.2.3　冻结列

当表中字段比较多，由于屏幕宽度的限制，不能在屏幕上显示所有的字段，但又希望有的列能留在数据表视图的最左边，即“冻结”在屏幕上。

【例 4-9】　将“员工”表中的“姓名”字段作为冻结列。操作步骤如下。

①选择“姓名”字段的任一单元。

②在“开始”选项卡的“记录”组中，单击“其他”，选择“冻结”(图 4.20)。

冻结后的表窗口中，“姓名”字段占据数据表视图的左侧，不随水平滚动条的移动而改变位置(图 4.22)。如果要取消冻结的数据表，则在“开始”选项卡的“记录”组中，单击“其他”，选择“取消冻结”(图 4.20)，恢复原状。

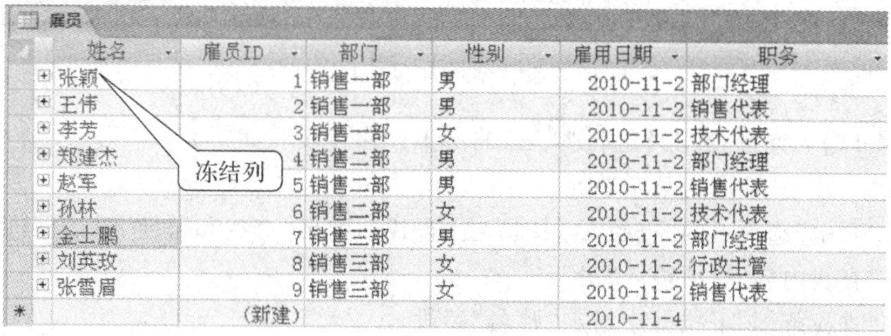

姓名	雇员ID	部门	性别	雇用日期	职务
张颖	1	销售一部	男	2010-11-2	部门经理
王伟	2	销售一部	男	2010-11-2	销售代表
李芳	3	销售一部	女	2010-11-2	技术代表
郑建杰	4	销售二部	男	2010-11-2	部门经理
赵军	5	销售二部	男	2010-11-2	销售代表
孙林	6	销售二部	女	2010-11-2	技术代表
金士鹏	7	销售三部	男	2010-11-2	部门经理
刘英玫	8	销售三部	女	2010-11-2	行政主管
张雪眉	9	销售三部	女	2010-11-2	销售代表
*	(新建)			2010-11-4	

图 4.22　冻结列

4.2.4　移动列

在数据表视图中的字段是按数据表设计时的顺序排列的。可以通过鼠标操作移动列，改变字段在表中排列的顺序。

【例 4-10】　将“员工”表中“性别”字段移到“部门”字段的前面。操作步骤如下。

①单击“部门”字段的标题栏，选中该字段，并将鼠标指针停留在这列上。

②按住鼠标左键，鼠标指针的尾部周围将出现一个阴影图案的矩形框。

③拖动此列到表中的新位置。当左右移动鼠标时，Access 将高亮度显示列与列之间的分隔线，表明将要把此列移动到什么位置。

④当鼠标指针处于满意的位置时，释放鼠标。Access 将移动此列到新位置。

说明：在数据表中移动字段不会影响表设计中的字段顺序。

4.2.5　查找和替换记录

可以在“开始”选项卡的“查找”组中，单击“查找”，在“查找和替换”对话框中完成查找和替换的功能(图 4.23)。其中“查找范围”选项可以指定是在一个字段内或整个数据表中完成查找和替换。"匹配"选项可以指定查找或替换是按整个字段、字段开头或字段的任何位置的方式进行。"搜索"选项可以指定向前、向后和全部的方式进行。

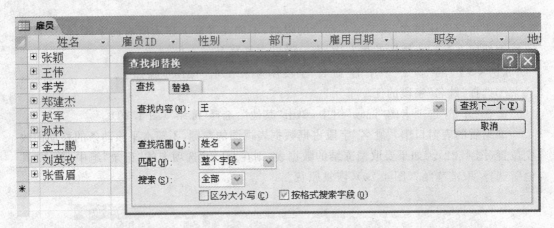

图 4.23　查找和替换对话框

【例 4-11】　查找"员工"表中姓"王"的员工。操作步骤如下。

①选择"姓名"字段的某个单元。

②在"开始"选项卡的"查找"组中,单击"查找",弹出"查找和替换"对话框(图 4.23)。

③在"查找内容"栏中输入"王"。

④在"查找范围"下拉框中指定"姓名"字段。

⑤在"匹配"下拉框中指定"字段开头"。

⑥单击"查找下一个"按钮,完成查找。

4.2.6　定位记录

数据表中有了数据后,修改是经常要做的操作,其中定位和选择记录是首要的任务。常用的定位方法有两种:一是使用记录号定位(图 4.24);二是使用快捷键定位。

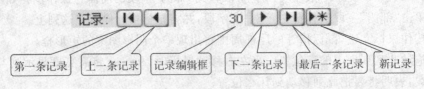

图 4.24　记录定位器

可以使用快捷键定位记录或字段,如表 4.1 所示。

表 4.1　快捷键及定位功能

快捷键	定位功能
"Tab"＋"Enter"＋"→"	下一字段
"Shift"＋"Tab"＋"←"	上一字段
"Home"	当前记录中的第一个字段
"End"	当前记录中的最后一个字段
"Ctrl"＋"↑"	第一条记录中的当前字段
"Ctrl"＋"↓"	最后一条记录中的当前字段
"Ctrl"＋"Home"	第一条记录中的第一个字段
"Ctrl"＋"End"	最后一条记录中的最后一个字段
"↑"	上一条记录中的当前字段
"↓"	下一条记录中的当前字段
"PgDn"	下移一屏
"PgUp"	上移一屏
"Ctrl"＋"PnDn"	左移一屏
"Ctrl"＋"PgUp"	右移一屏

4.2.7　在数据表加入汇总行

Access 2007 可以在数据表中添加一个汇总行,作为表中的最后一行。汇总行是 Access 2007 中的新增功能,它简化了行计算的过程。开启或者关闭汇总行:在"开始"选项卡的"记录"组中,单击"汇总",然后单击一个列的底部,并选择一个汇总函数(图 4.25)。函数是否可用将取决于列的数据类型。例如,在一个文本型的列中不能使用合计函数,但可以利用计数函数统计个数。

【例 4-12】　在"销售记录"表加入汇总行,显示销售产品的合计数量。操作步骤如下。

①打开"销售记录"表。

②在"开始"选项卡的"记录"组中,单击"合计"。

③单击"数量"字段列的底部的"汇总"下拉箭头,然后单击"合计",出现销售产品的合计数量(图 4.25)。

说明:再次在"开始"选项卡的"记录"组中,单击"合计"可以隐藏汇总行。

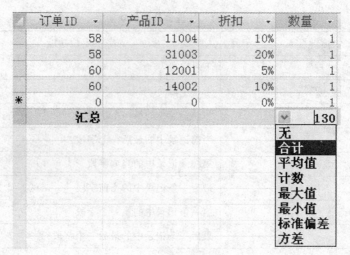

图 4.25 汇总行

4.3 数据的排序

排序就是将数据按照一定的逻辑顺序排列。例如,将账单按日期排序,以便知道哪张账单即将到期,将光盘按曲目的字母顺序或者按作曲家名字排序。在 Access 中可以进行简单排序或者高级排序。进行排序时,Access 将重新组织表中记录的顺序。

排序规则如下:

(1)文本,包括英文、中文和文本类型的数字,按字母顺序排序,大小写视为相同,升序时按 A 到 Z 排序,降序时按 Z 到 A 排序。

(2)数字按数字的大小排序,升序时由小到大,降序时由大到小。

(3)日期和时间字段,按日期的先后顺序排序,升序时按从前到后的顺序排序,降序时按从后向前的顺序排序。

(4)数据类型为"备注"、"超链接"、"OLE"、"附件"的字段不能排序。排序后,排序次序可以与表一起保存。

4.3.1 简单排序

在 Access 中,简单排序就是基于一个和多个字段的内容来排列表中记录顺序。对于多个字段的排序,要求这些字段必须相邻,并且按照同样的方式(升序或降序)按照从左到右的顺序进行排列。可以通过移动列把要排序的字段移到相邻位置。

①在数据视图中,选中需要排序的列的字段。

②在"开始"选项卡的"排序和筛选"组(图 4.26)中,单击"升

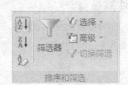

图 4.26 "排序和筛选"组

序"![上箭头],或者"降序"![下箭头],实现对表排序。

③单击"清除所有排序"![清除图标],恢复原来顺序。

4.3.2 高级排序

使用高级排序,可以对多个不相邻的字段采用不同的方式(升序或降序)排列。

【例 4-13】 在"产品"表中,首先按照"供应商"字段升序,然后按照"单价"字段降序排列。操作步骤如下。

①打开"产品"表。

②在"开始"选项卡的"排序和筛选"组(图 4.26)中,单击"高级"→"高级筛选/排序",显示"筛选"窗口(图 4.27)。

③在筛选窗口中,单击"字段"栏第一列右边的向下箭头按钮,从字段列表中选择"供应商"字段。然后,单击"排序"框单元右边的向下箭头按钮。从排序方式的下拉列表中选择"升序"。

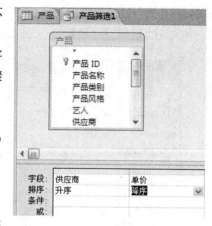

图 4.27 "筛选"对话窗口

④单击"字段"栏第二列右边的向下箭头按钮,从字段列表中选择"单价"字段。然后,单击"排序"框单元右边的向下箭头按钮。从排序方式的下拉列表中选择"降序"。

⑤在"开始"选项卡"排序和筛选"组(图 4.26)中,单击"高级"→"应用排序/筛选"。Access 将按照指定的顺序对表中的记录进行排序并显示各字段。

要从"筛选"窗口中指定的排序字段中删除某个字段,只需要用鼠标选中含有该字段的列(在网格区域中),然后按下"Del"键,或者从"编辑"菜单中选择"删除列"选项即可。

4.4 数据的筛选

筛选是选择符合条件的记录,经过筛选后的表,只显示满足条件的记录,而不满足条件的记录将被隐藏起来,并不是删除记录。筛选时,用户必须设定筛选条件,然后 Access 筛选并显示符合条件的数据。筛选的过程实际上是创建了一个数据的子集。使用筛选可以使数据更加便于管理。Access 提供用筛选器、按选定内容、按窗体和高级筛选等多种筛选方法。

4.4.1 筛选器

用筛选器进行筛选,可以按特定值,或某一范围的值进行筛选。

【例 4-14】 在"会员"表中，筛选出 1983 年出生的会员。操作步骤如下。

①打开"会员"表，在数据视图中，选择"生日"字段。

②在"开始"选项卡的"排序和筛选"组中（图 4.26），单击"选择器" ，或者单击"生日"标题右侧的箭头，弹出筛选窗口（图 4.28）。

③在复选框可以按特定值筛选，单击"日期选择器"，可以对某一范围的值进行筛选，单击"其间"（图 4.28）。

④在"最旧"和"最新"框（图 4.29）中输入始末日期，单击"确定"，显示筛选结果。

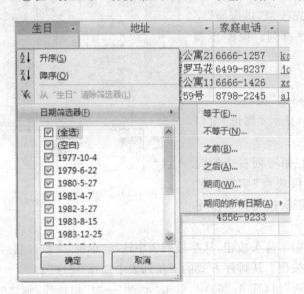

图 4.28　筛选窗口   图 4.29　始末日期输入窗口

4.4.2　按选定内容筛选

按选定内容筛选是将当前网格位置的内容作为条件进行筛选。选择项随字段的数据类型而有所不同。比如，文本类型包括等于、不等于、包含和不包含四种选项。

【例 4-15】 在"产品"表中，筛选出"滚石唱片"的记录。操作步骤如下。

①打开"产品"表，在数据视图中，选择"供应商"字段是"滚石唱片"的网格。

②在"开始"选项卡的"排序和筛选"组中（图 4.26），单击"选择" 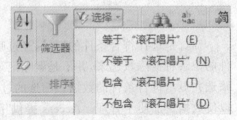（图 4.30）选择"等于'滚石唱片'"，数据表将显示所有"供应商"是"滚石唱片"的记录。

图 4.30　"选择"选项

4.4.3　按窗体筛选

按窗体筛选是由用户在"按窗体筛选"对话
框上指定条件,然后进行筛选。当筛选条件比较多时,应采用按窗体筛选。

【例 4-16】　筛选单价为 10 元的滚石唱片公司供应的产品情况。操作步骤如下。

①在"开始"选项卡的"排序和筛选"组(图 4.26),单击"高级",单击下拉列表上"按窗体筛选"。

②在"按窗体筛选"对话框中(图 4.31),分别在"供应商"和"单价"字段的下拉列表中选择"滚石唱片"和"10"。

③单击"高级",单击"应用筛选/排序",数据视图将显示筛选结果。

④单击"排序和筛选"组中的"切换筛选",撤销筛选,显示原来的数据表。

图 4.31　"按窗体筛选"对话框

4.4.4　高级筛选

应用高级筛选需要用户编写比较复杂的条件表达式。

【例 4-17】　筛选 20 世纪 80 年代出生的会员。操作步骤如下。

①打开"会员"表,在"开始"选项卡的"排序和筛选"组(图 4.26),单击"高级",选择"高级筛选/排序",显示"筛选"窗口(图 4.32)。

②在窗口的第一列中,单击"字段"框右边的向下箭头并选择"生日"字段。

③在"条件"框中输入表达式:>=#1980-1-1# and <=#1989-12-31#。

注:"生日"字段的数据类型是日期型,因此条件表达式的表述日期的值也应是日期型,#1980-1-1#为日期型常量的表达方式,"80 年代"不能表述成">1980 and <=1989"。

④单击"高级",单击"应用筛选/排序",数据视图将显示筛选结果。

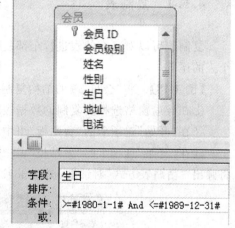

图 4.32　"筛选"窗口

4.4.5 取消筛选

在完成筛选之后,经常需要将该筛选取消,以便查看整张表。用户可以在"开始"选项卡的"排序和筛选"组中,单击"切换筛选",便可以在应用筛选和取消筛选之间切换。

练习 4.3

(1)打开"产品"表。

(2)将数据表显示格式为凹陷形,小四字体。

(3)隐藏"封面"字段,冻结"产品 ID"字段。

(4)按"产品类型"和"艺人"字段排序。

(5)筛选出供应商为"滚石唱片"的 CD 目录。

(6)筛选出 CD 和 VCD 的产品。

4.5 数据表的操作

创建好数据库和表后,需要对它们进行必要的操作。对数据表的操作可以在数据库窗口中对表进行复制、重命名和删除等操作。

4.5.1 复制表

复制表可以对已有的表进行全部复制、只复制表的结构以及把表的数据追加到另一个表的尾部。

【例 4-18】 将"会员"表的结构复制成"会员副本"表。操作步骤如下。

①在导航窗格选择要复制的数据表名:"会员"。

②在"开始"选项卡的"剪贴板"组中,单击"复制",或者按下"Ctrl"+"C"键。

③在"开始"选项卡的"剪贴板"组中,单击"粘贴",或者按下"Ctrl"+"V"键。Access将弹出"粘贴表方式"对话框(图 4.33)。

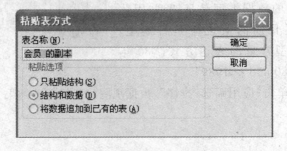

图 4.33 "粘贴表方式"对话框

④在"表名称"输入框中,键入新表名。在"粘贴选项"区域里的三个选项为:

- "只粘贴结构"将生成一个结构相同的空表;
- "结构和数据"将生成一个副本;
- "将数据追加到已有的表"是键入的表名应为已有目标表的表名,并且与复制的表结构相同。

⑤输入新表的名称,选择"只粘贴结构",单击"确定"按钮,完成操作。

4.5.2　重命名表

重命名表的做法与 Windows 中"重命名"操作相似,不再赘述。

4.5.3　删除表

删除表的做法与 Windows 中删除文件操作有所不同,由于表之间存在关系,不当的删除可能会破坏数据的完整。删除表时,除了询问用户是否确认删除操作,如果该表与其他表已经建立了关系,Access 还要求先删除该表与其他表的关系,然后再完成删除表操作(图 4.34)。

图 4.34　"删除关系"对话框

思考题和习题

一、选择题

1. Access 的筛选方法可以(　　)。

(A)按内容　　　　　　　　　　　(B)按窗体

(C)多字段　　　　　　　　　　　(D)以上 3 种方法

2. 若要求在输入字段内容时达到仅显示星号"＊"的效果,则应设置的属性是(　　)。

(A)"默认值"属性　　　　　　　　(B)"标题"属性

(C)"密码"属性　　　　　　　　　(D)"输入掩码"属性

3. 如果要生成一个与现有表结构相同的空表,最快捷的办法是通过(　　)。

(A)设计视图　　　　　　　　　　(B)表向导

(C)模板　　　　　　　　　　　　(D)复制表

4. 构成数据表主关键字的每一个字段中都不允许存在空值(NULL)的规则属于(　　)。

(A)字段的有效性规则　　　　　　　　(B)参照完整性规则

(C)实体完整性规则　　　　　　　　　(D)用户定义完整性规则

5. 若同时选定了多个字段后,按下　工具按钮的操作是(　　)。

(A)设置了多个主键　　　　　　　　　(B)设置了一个主键

(C)不能这样设置　　　　　　　　　　(D)设置了一个主键和若干个索引

6. 数据表中的"行"称为(　　)。

(A) 字段　　　　　(B) 数据　　　　　(C) 记录　　　　　(D) 数据视图

7. 学生表(学号、姓名、性别、出生年月)与成绩表(学号、课程代码、成绩)之间的关系是(加下划线的为主键)(　　)。

(A)一对一　　　　　(B)一对多　　　　　(C)多对一　　　　　(D)多对多

二、填空题

1. 按窗体筛选时,同行的条件之间是_____的关系,设置在不同行的条件之间是_____的关系。

2. Access 2007 提供主要的筛选方法有_____、_____、_____和_____。

3. 在 Access 2007 提供复制表对话框中,可以_____、_____和_____选项。

三、思考题

1. 小结不同数据类型的数据输入方法。

2. 如何对表排序。

3. 如何对表中的数据进行筛选?

4. 举例说明 Access 表的关系对输入数据和删除数据的影响。

5. 怎样建立表的关系?

实验

练习目的

　　学习表的使用和数据的导入。

练习内容

1. 完成本章的例题和练习内容。

2. 打开"我的罗斯文 2007"示例数据库,分析表之间的关系。

3. 利用第 3 章实验建立的"图书借阅"数据库完成以下操作。

(1) 在 3 个表中输入若干条记录,先输入"图书"表和"借书证"表的记录,然后再输入"借阅登记"表的记录。

(2) 在"图书"表中按作者排序,并筛选各出版社的图书情况。

(3) 在"借阅登记"表中筛选各书的借阅情况。

(4) 建立"图书"表和"借阅登记"表的一对多的关系。

(5) 建立"借书证"表和"借阅登记"表的一对多的关系。

(6) 将网上搜寻到的"图书"目录存放到 Excel 文件中,然后导入到"新书"表。

(7) 为什么"图书"表和"借阅登记"表存在一对多的关系?

(8) 将"借阅登记"表中"借书证号"字段的类型改为查阅向导型,其查阅值来自"图书"表的"书号"字段。

(9) 将"图书"表中"出版社"字段的类型改为查阅向导型,采用"自行键入所需的值"的方式,"出版社"的取值为"高教"、"清华"、"北大"和"电子工业"。

(10) 将"借阅登记"表中"书号"字段的类型改为查阅向导型,其查阅值来自"图书"表的"书号"字段。

(11) 将"借阅登记"表中"借书证号"字段的类型改为查阅向导型,其查阅值来自"借书证"表的"借书证号"字段。

第5章

查　询

数据库最重要的优点之一是数据库具有强大的查询功能,使用户能够十分方便地在浩瀚的数据海洋中挑选特定的数据。本章将学习 Access 提供的另一个强大的工具——查询。查询是一个从数据库中检索记录的描述,可以帮助用户回答关于数据库信息的问题。也可以认为查询是一种提问,可以针对单个数据表提出较简单的问题,也可以针对一些相互关联的数据表提出复杂的问题。最常见的情况是利用查询来选择一组满足指定条件的记录,还可以利用查询将不同表中的信息组合起来,提供一个相关数据项的统一视图。查询与表对象的筛选功能类似,允许用户在表中挑选特定的数据。然而,查询的功能比筛选要强大得多。

可将查询看成是动态的数据集合,使用查询可以按不同的方式来查看、更改和分析数据,也可将查询作为窗体、报表、数据访问页的数据源,甚至是其他查询的数据源。

【本章要点】
- Access 查询的种类和作用
- 建立查询的方法
- 用比较、通配符、and、or 运算符创建条件查询
- 创建计算字段
- 参数查询
- 追加、更新、删除、生成表查询
- SQL 查询

5.1　了解 Access 的查询对象

在设计一个数据库时,为了减少数据冗余,保证数据的完整性,节省存储空间,常常将数据分类,并分别存放在多个表里,但这也相应地增加了浏览数据的复杂性。尽管在数据表中能够进行浏览、排序、筛选、更新等操作,但很多时候需从一个或多个表中检索出符合条件的数据,以便执行相应的查看、计算等。

回顾在第 1.3.4 节中所演示的罗斯文示例数据库的查询,在“查询”对象(图 1.22)显示了罗斯文示例数据库所建立的查询对象,打开“订单分类汇总”查询,就会显示各个订

单总额。它的数据源于"订单"表,进行汇总计算,得到查询结果。

查询实际上就是将这些分散的数据按一定的条件集中起来,形成一个数据记录集合,而这个记录集在数据库中实际上并不存在,只是在运行查询时,Access 才会从查询源表的数据中抽取组合在一起。

5.1.1　Access 查询的主要功能

用户通过查询浏览表中的数据,分析数据或修改数据。可以使用户的注意力集中在自己感兴趣的数据上,而将当前不需要的数据排除在查询之外。将经常处理的原始数据或统计计算定义为查询,可大大简化处理工作。用户不必每次都在原始数据上进行检索,从而提高了整个数据库的性能。

查询的基本功能如下。

(1)以一个或多个表或查询为数据源,选择用户需要的字段和记录,根据用户的要求生成动态的数据集。

(2)可以对数据进行统计、排序、计算和汇总。

(3)可以设置查询参数,形成交互式的查询方式。

(4)利用交叉表查询,进行分组汇总。

(5)利用动作查询,对数据表进行生成新表、追加、更新、删除等操作。

(6)查询作为其他查询、窗体、报表和数据访问页的数据源。

由于表和查询都可以作为数据库的"数据来源"的对象,可以将数据提供给窗体、报表、数据访问页或另外一个查询,所以,一个数据库中的数据表和查询名称不可重复,如有"产品"数据表,则不可以再建立名为"产品"的查询。

与表不同的是,查询本身并不保存数据,它保存的是如何去取得信息的方法与定义。当运行查询时,这些信息便会取得,但是通过查询所得的信息并不会储存在数据库中。当关闭查询时,查询动态集会自动消失,但形成动态集的数据依然存储在表中。

5.1.2　Access 查询的类型

Access 支持 5 种查询类型:选择查询、交叉表查询、参数查询、动作查询和 SQL 查询。

1. 选择查询

选择查询是最常见的一种查询,也就是按照一定的规则从一个或多个表,或其他查询中获得数据,并按照所需的排列次序显示。也可以使用选择查询来对记录进行分组,并且对记录作总计、计数、平均值以及其他类型的总和计算。

2. 交叉表查询

交叉表查询用于对记录计算总和、平均值、计数或其他类型总计,然后按照两类信息对结果进行分组:一类作为行标题,另一类作为列标题,汇总计算的结果显示在行与列交叉的单元格中,这样可以更加方便地显示汇总数据。

3. 参数查询

参数查询并不是一种独立的查询,而是在其他查询中增加了可变化的参数,以扩大查询的灵活性。参数查询在执行时通过对话框以提示用户输入信息,然后将用户输入的信息作为条件,检索到满足条件的记录或值。例如,可以设计它来提示输入两个日期,然后Access 检索在这两个日期之间的所有记录。

4. 动作查询

动作查询就是用来同时更改多个数据的查询,动作查询可分为:删除查询、追加查询、更新查询和生成表查询。

(1)删除查询:是从一个或多个表中删除一组记录的查询。

(2)追加查询:将新增记录添加到现存的一个或多个表、查询的末尾。

(3)更新查询:根据指定的条件更改一个或多个表中的记录。

(4)生成表查询:是从一个或多个表、查询中的数据集合中创建新表的查询。

5. SQL 查询

SQL 查询是用户使用 SQL 语句创建的查询。可以用 SQL 来查询、更新和管理Access 这样的关系型数据库。Access 中,在查询的设计视图中创建的每一个查询,系统都为它建立了一个等效的 SQL 语句。执行查询时系统实际上就是执行这些 SQL 语句。

5.1.3　Access 查询的视图

在 Access 中,提供了 5 种视图,分别是数据表视图、设计视图、SQL 视图、数据透视表视图和数据透视图视图。可以在打开查询的基础上,通过"开始"选项卡的"视图"(图5.1)在各种视图之间转换。

图 5.1　查询的 5 种视图列表

1. 数据表视图

查询的数据表视图是以行和列的格式显示查询中数据的窗口。在该视图中,可以进行编辑数据、添加和删除数据、查找数据等操作,而且也可以对查询进行排序、筛选以及检查记录等,还可以改变视图的显示风格(包括调整行高、列宽和单元格的显示风格等)。

2. 设计视图

查询的设计视图是用来设计查询的窗口,它是查询设计器的图形化表示。利用该视图可以创建多种结构复杂、功能完善的查询。

3. SQL 视图

SQL 视图用于显示当前查询的 SQL 语句或用于创建 SQL 特定查询。在 Access 中很少直接使用 SQL 视图创建查询,因为绝大多数查询都可以通过向导或查询的设计视图来完成。

4. 数据透视表视图和数据透视图视图

数据透视表视图和数据透视图视图用于设置交叉表查询和数据透视图。

5.2　建立简单查询

建立和使用 Access 查询的过程与表近似。首先,用户根据数据库的内容确定需要查询的问题,例如,最近 1 个月内金额超过 5000 元有哪些订单?有哪些选修英语课的同学成绩不及格?然后,将这些问题以 Access 可以接受的查询准则建立查询,包括涉及哪些表,包含什么条件等。最后,用户可以运行查询,Access 根据查询准则从表或查询中搜寻显示满足用户要求的记录,即让数据库回答问题。查询的结果以数据表的形式显示出来。

5.2.1　创建查询的方法

Access 提供了 3 种创建查询的方法,一是使用查询向导,二是使用设计视图,三是使用 SQL 视图。

(1)利用"查询向导"。创建简单查询、交叉表查询、查找重复项查询和查找不匹配项查询。这是初学者入门时经常采用的方法。

(2)利用"设计视图"。使用查询设计视图创建和修改各类查询,是建立查询最主要的方法。它可以帮助用户更好地理解数据表之间的关系。

(3)利用"SQL 视图"。通常由"查询向导"和"设计视图"建立的查询实质上就是用 SQL 语言编写查询命令。但是,有些特定查询,如联合查询、传递查询、数据定义查询和子查询只能通过编写 SQL 语句实现,这些查询通过 SQL 视图创建。

5.2.2 使用查询向导建立简单查询

简单查询是应用最广泛的一种查询,它基于一个表、多个表、或已有的查询中建立查询,查找相关记录。在本章中使用在第 3 章和第 4 章建立的"音像店管理"数据库作为所有例题的数据源,读者采用的数据可能与建立的数据库中的数据不同,因此查询的结果会与书中不尽相同。

【例 5-1】 创建查询,查询音像店的销售记录。

使用向导创建一个简单查询,显示字段包括销售订单 ID、销售日期、产品 ID、产品名称、产品类别、单价、折扣和数量等信息。

分析:该查询涉及 3 张表。包括"销售订单"表的订单 ID 和销售日期字段,"产品"表的产品 ID、产品名称、单价和产品类别字段,以及"销售记录"表的折扣和数量字段。

操作步骤如下。

①单击"Office 按钮",然后单击"打开",在"..\数据库\第 5 章"文件夹中单击"音像店管理"。

②单击消息栏上的"选项",选择"启用此内容",单击"确定"。

说明:打开数据库时,如果没有执行②,动作查询将被禁止运行。

③在"创建"选项卡的"其他"组中单击"查询向导"(图 5.2)。

图 5.2 "创建"选项卡的"其他"组

④打开"新建查询"窗口(图 5.3),单击"简单查询向导"。

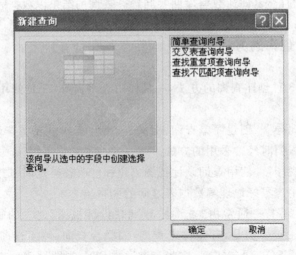

图 5.3 "新建查询"窗口

⑤弹出"简单查询向导"窗口(图 5.4)。在"表/查询"下拉框中选择"销售订单"表,这时在"可用字段"列表框中列出该表或查询中的全部可用字段。从中依次双击"订单 ID"和"销售日期"字段,进入"选定字段"列表。

说明:单击 **>** 按钮选择一个字段,单击 **>>** 按钮选择全部字段,若要取消已选择的字段,可以使用 **<** 按钮和 **<<** 按钮。

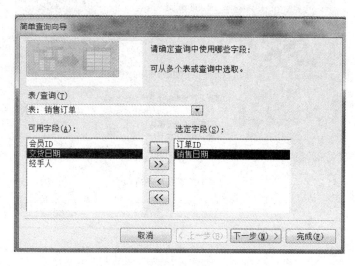

图 5.4 选择表和字段

⑥依照相同的步骤,在"表/查询"下拉框中选择"产品"和"销售记录"表,将"产品 ID"、"产品名称"、"产品类别"、"折扣"和"数量"字段放到"选定字段"列表。

⑦单击"下一步"按钮,显示如图 5.5 所示的对话框,选择采用明细还是汇总查询方式。明细查询可以显示每个记录,汇总查询可以计算字段的总值、平均值、最小值、最大值、记录数等。选择默认选项"明细"。

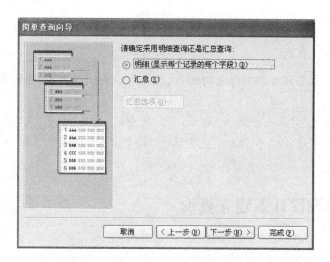

图 5.5 确定采用明细查询还是汇总查询

⑧单击"下一步"按钮,显示如图 5.6 所示的对话框,在"请为查询指定标题"文本框中选用默认查询名"销售订单 查询",或输入查询名称,选择"打开查询查看信息"。

说明:如果选择"修改查询设计"则打开设计视图,可修改查询。

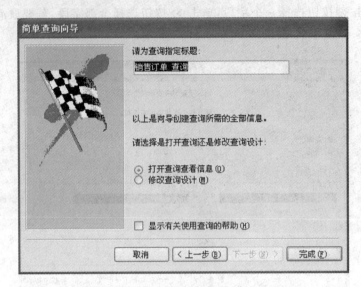

图 5.6 输入查询名

⑨单击"完成"按钮,查询结果如图 5.7 所示。

销售订单 查询							
订单ID	销售日期	产品 ID	产品名称	产品类别	单价	折扣	数量
1	2003/10/1	11002	Listen To Me	磁带	¥10.00	0%	1
1	2003/10/1	24001	Red Dirt Road	CD	¥25.00	0%	2
2	2003/10/1	11003	真爱	磁带	¥10.00	10%	1
2	2003/10/1	13001	夜曲全集	磁带	¥10.00	3%	2
2	2003/10/1	21001	爱在西元前	CD	¥25.00	20%	1
2	2003/10/1	46003	Sleepless In	DVD	¥40.00	0%	1
3	2003/10/2	11005	Born To Do It	磁带	¥10.00	10%	1
3	2003/10/2	31002	最美	VCD	¥15.00	0%	1

图 5.7 查询结果

说明:如果数据来自于两个以上的表,应事先建立表间的关系,否则查询结果有误。

练习 5.1

使用"查询向导"建立一个名为"会员订货"的查询,选择"会员"表"会员 ID"、"会员级别"、"姓名"字段和"销售订单"表的"订单 ID"、"销售日期"、"送货日期"字段。

5.3 使用查询设计器建立查询

在 Access 中,使用设计视图,不仅可以创建各种类型的查询,也可以对已有的查询进行修改。

5.3.1　查询设计器的结构

查询设计视图(图 5.8)的窗口分为两部分。上部是数据来源区,显示查询所使用的表或查询及关系。下部是定义查询的设计网格,显示使用的字段、表及条件等设置情况,查询设计网格的每一列都对应着查询动态集中的一个字段,每一行分别是字段的属性和要求。

(1)字段:放置查询对象所涉及的字段。

(2)表:显示字段来自哪个表或查询。

(3)排序:定义字段的排序方式。

(4)显示:设置选择字段是否在数据表视图中显示。

(5)条件:设置字段限制条件。

(6)或:指定"或"的查询条件。

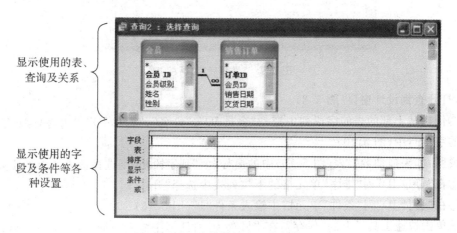

图 5.8　查询设计窗口的结构

5.3.2　建立新查询

在设计视图中创建查询,首先在"显示表"对话框中选择查询所依据的表、查询,如果选择多个表或查询,它们之间必须直接或间接地存在着某种联系。然后,就从中选择查询所用的字段了,以及查询条件。

【例 5-2】　创建查询,显示非会员的销售订单。

这个查询涉及"销售订单"表和"会员"表,所谓"非会员",根据约定是指"会员 ID"为"1"的客户为非会员。

操作步骤如下。

①在"创建"选项卡的"其他"组中单击"查询设计"(图 5.2)。弹出"显示表"对话框(图 5.9)。

②在"显示表"对话框中,依次双击"会员"和"销售订单",添加到设计窗口中,单击"关闭"

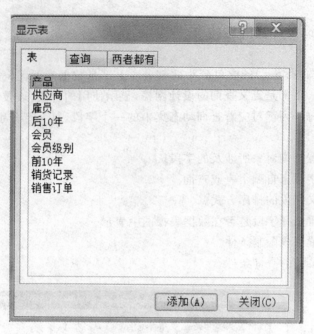

图 5.9 "显示表"对话框

按钮,打开查询设计窗口(图 5.8)。

　　③依次从上部的表的字段列中拖动"会员 ID"、"姓名"、"订单 ID"、"销售日期"字段至窗口的字段行中(图 5.10)。

　　说明:如果拖动数据表(图 5.10)中的星号" * "到字段格,则选择该表所有的字段。

　　④在"订单 ID"列"排序"单元格的下拉列表中选择"升序"。

　　⑤在"会员 ID"列"条件"单元格中输入条件"1"(图 5.10)。

　　⑥单击快速工具栏上的"保存",在"另存为"对话框中输入查询名:非会员订单。

　　⑦单击"结果"组的"运行"按钮,就可以看到查询结果(图 5.11)。

　　⑧单击"关闭'非会员订单'"按钮,关闭查询。

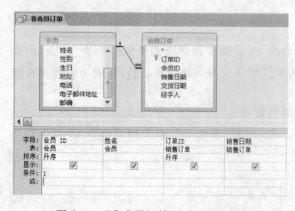

图 5.10 "非会员订单"查询设计视图　　　　图 5.11 "非会员订单"查询数据视图

如果生成的查询不完全符合要求,可以单击视图按钮,返回设计视图进行修改。

练习 5.2

利用查询设计视图创建一个名为"流行音乐类产品"订购情况的查询。数据源来自"产品"表和"订单记录"表。

5.3.3　在设计视图中修改查询

建立查询后,还可以对已有的查询进行相应的修改,如在查询中增加或删除表,更改表和查询间的联接属性,改变查询字段的顺序,或者增加、删除查询字段,改变查询等条件,都可以通过查询设计视图中"查询工具-设计"选项卡的"查询设置"组(图 5.12)完成。

图 5.12　"查询工具-设计"选项卡

(1)加入字段。除直接拖动源字段列表中字段名称,还可以使用以下几种方式。

①双击字段名称。

②拖动表中的"＊"至网格,或直接双击星号,都可将表中所有字段加入到查询中。

③双击字段列表的标题行,将选中表中所有的字段,再使用鼠标将其拖至网格中。

④在网格行中,通过下拉菜单选择要显示的字段。

(2)插入字段。双击字段列表中的字段,将字段添加到字段行的最后一个位置。将插入的新字段直接拖至目的位置,原有的字段将顺序右移。

(3)删除字段。将鼠标放置在要删除字段的最上方,即选择整列,可以选择一栏或多栏,执行编辑菜单下的相应命令,或直接按下"Delete"键,即可清除字段名称或整列。

(4)改变字段顺序。选中要移动的一个或多个字段,通过鼠标可将其直接移动到目的位置。

5.3.4　链接表与查询

在将表添加到查询的设计窗口中后,如果已经设置了数据表间关系,关系连线会自动在窗口中显示出来。如果查询中的表不是直接地、或间接地连接在一起的,则说明Access 无法了解记录和记录间的关系,只能显示两表间记录的全部组合,为了避免这种情况发生,应添加其他表(查询)作为表之间的桥梁。

【例 5-3】　创建查询,显示所有客户购买产品的情况。

表面上看,该查询只涉及"会员"表和"产品"表。

①在"创建"选项卡的"其他"组中单击"查询设计"。弹出"显示表"对话框。

②在"显示表"对话框中,依次双击"会员"和"产品",添加到设计窗口中。

③依次从上部的表中字段列中拖动"会员 ID"、"姓名"、"产品 ID"、"产品名称"字段至窗口的字段行中(图 5.13)。

④单击"结果"组的"运行"按钮,就可以看到查询结果(图 5.14)。

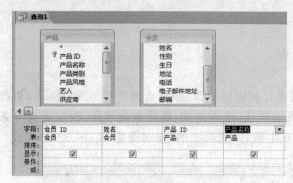

图 5.13 "会员购物"查询设计视图   图 5.14 "会员购物"查询数据视图

在图 5.14 中可以看出,出现了 644 条查询结果,而且所有的客户都购买了"将爱",这与"销售记录"表中的情况不符,这个查询的结果是错误的。

原因在于这两张表没有直接的联系,它们之间没有代表联系的连线,Access 无法了解记录和记录间的关系,只能显示两表间各记录的全部组合。

解决方法是在设计视图中添加相应的表,通过数据库的关系图(图 5.15),可以发现,"会员"表和"产品"表之间通过"销售订单"和"销售记录"产生联系。

接下来的操作如下:

⑤单击"开始"选项卡的"视图",返回设计视图。

⑥在"查询工具-设计"选项卡的"查询设置"组(图 5.12)中单击"显示表"。

⑦在"显示表"对话框中,双击"销售订单"和"销售记录",添加到设计窗口中(图 5.15)。

⑧单击"保存"按钮,在"另存为"对话框中输入查询名:会员购物。

⑨单击"结果"组的"运行"按钮,就可以看到查询结果(图 5.16)。

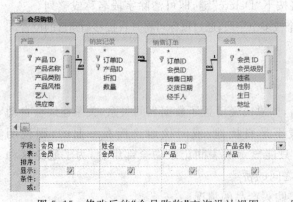

图 5.15 修改后的"会员购物"查询设计视图   图 5.16 修改后的"会员购物"查询数据视图

同时把两个表(查询)中的字段添加到设计网络中时,查询将检查连接字段的匹配值。如果匹配,则将两条记录组合成一条,显示在查询结果中。如果一个表(查询)在另一个表

(查询)中没有匹配记录,则两者的记录都不在查询结果中显示。有时候,可能希望无论有没有匹配记录,都选取一个表(查询)的全部记录,此时则需要更改连接类型。选中关系连线后,打开"联接属性"对话框,如图 5.17 所示。

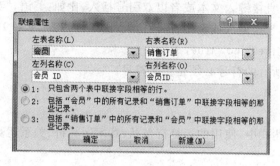

图 5.17 联接属性

5.4 查询条件

查询条件就是在创建查询时所添加的一些限制条件,使用查询条件可以使查询结果中仅包含满足查询条件的数据记录。在例 5-2 中,就使用了条件"1",只显示非会员的订货情况。

在查询的"设计视图"上对应"条件"、"或"等行是用来添加查询条件,又称为选择准则,应该考虑为哪些字段添加准则,其次是如何在查询中添加准则,而最难的是如何将自然语言变成 Access 可以理解的查询条件表达式。

5.4.1 条件表达式中的组成

在 Access 中,许多操作都要使用表达式,包括创建有效性规则,查询或筛选准则、默认值,以及计算窗体的控件、宏的条件等。在查询中,除可以用准则表达式作为查询条件之外,也可以使用表达式来更新一组记录的值,或创建新的计算字段。

表达式是运算符(如＝和＋)、控件名称、字段名称、返回单个值的函数以及常量值的组合,其计算结果为单个值。表达式可以是简单的算术表达式,也可以为复杂的数据运算以及其他操作。

比如表达式:＝Sum([价格] ＊0.8＊[数量])中,Sum( )是内置函数,[价格]和[数量]是标识符,"＊"是数学运算符,0.8 是常量,计算结果是价格 8 折时的营业额。

1.标识符

如果表达式中使用标识符,其意义通常是指 Access 中对象的属性、内置值、名称。例如,要使用"产品"表中的"产品名称"字段,其形式为:**[产品]![产品名称]**

2. 常量

(1)数字型常量:直接键入数值,比如:123,123.4。

(2)文本型常量:直接键入文本或者以双引号括入,比如:英语,"英语"。

(3)日期型常量:直接键入或者用符号#括入,比如:1970-1-1,#1970-1-1#。

(4)是/否型常量:yes, no, true, false。

注意:表达式中所有的符号必须是英文符号。

3. 运算符

在 Access 的表达式中,使用的运算符包括:算术运算符、关系运算符、逻辑运算符、字符串运行符。

(1)算术运算符。+、-、*、/,分别代表加、减、乘、除,也就是常用的四则运算符。

(2)关系运算符。=、>、>=、<、<=、<>,分别代表等于、大于、大于等于、小于、小于等于、不等于,其结果是逻辑值 true 或者 false。

(3)逻辑运算符:and、or、not 等,and 表示两个操作数都为 true 时表达式的值才为 true,or 表示两个操作数中只要有一个为 true 表达式的值就为 true,not 则生成操作数相反值。比如:

要查找 0 到 100 之间的数,则条件为:>=0 and <=100;

要查找不及格或优秀(90 分以上),则条件为:>89 or <60;要查找除英语之外的课程,则条件为:not 英语

(4)连接运算符:&,将两个值连接。比如:

"北京" & "朝阳区"结果为"北京朝阳区","12" & "34"结果为"1234"。

(5)between A and B 运算符:用于判定一个表达式的值是否在指定 A 到 B 之间范围,A 和 B 可以是数字型、日期型和文本型,而且 A 和 B 的类型相同。比如:

75 到 85 之间,between 75 and 85,相当于 >=75 and <=85。

要查找 1970 年出生的人,则条件为:between #1970-1-1# and #1970-12-31#。

(6)in:指定一系列值的列表。比如:

in ("北京","南京","西安");相当于 "北京" or "南京" or "西安"。

当表达式中包含的值较多时,使用 in 运算符要简短的多,而且意义也更为明晰。

(7)Like:指定某类字符串,配合使用通配符,通配符的用法见表 5.1,如果想查询一些不确切的条件,或是不确定的条件下的记录,就可以使用 Access 提供的通配符。

表 5.1 通配符的用法

字 符	代表功能	范 例
*	匹配任意个数的字符(个数可以为0)	wh* 可以找到 white、wh 和 why 等,但找不到 wash 和 with 等
?	匹配任何单一字符	b?ll 可以找到 ball 和 bill 等,但找不到 blle 和 beall 等
[字符表]	匹配方括号内任何单个字符	b[ae]ll 可以找到 ball 和 bell,但找不到 bill 等
!	匹配任何不在括号内的字符	b[!ae]ll 可以找到 bill 和 bll 等,但找不到 bell 和 ball
—	匹配范围内的任何一个字符,必须以递增排序来指定区域(A 到 Z)	b[a—c]d 可以找到 bad、bbd 和 bcd,但找不到 bdd 等
#	匹配任何单个数字字符	1#3 可以找到 103、113、123 等

比如:

要查找姓"黄"的人,则条件为:Like "黄*"。

要查找姓名为 2 个字并姓"黄"的人,则条件为:Like "黄?"。

要查找姓名中含有"黄"的人,则条件为:Like "*黄*"。

Like "表#"则字符串"表 1"、"表 2"满足这个条件,而"表 A"不满足条件。

(8)Is Null 或 Is Not Null:确定一个值是为 Null 还是不为 Null,返回 true 或 false 结果。Null 代表空,指不包含任何数据的字段。

比如,要查看没留姓名的用户,可以在"姓名"字段的条件列中输入"Null",显示警告名单。

4.函数

在 Access 中,函数(Function)用来运行一些特殊的运算以便支持 Access 的标准命令。Access 包含许多种不同用途的函数来帮助读者完成种种工作。

每个函数语句包含一个名称,而紧接在名称之后包含一对小括号(例如:Day()),大部分函数的小括号中需要填入一个或一个以上的参数。函数的参数也可以是一个表达式,例如,可以使用某一个函数的返回值作为另外一个函数的参数(例如:Year(Date()))。

除了可以直接使用函数的返回值,还可以将函数的返回值用于后续计算或作为条件的比较对象,表 5.2 是一些经常使用的函数。

表 5.2 常用函数

函 数	代 表 功 能
Count(字符表达式)	返回字符表达式中值的个数(即数据计数),通常以星号(*)作为 Count()的参数。字符表达式可以是一个字段名,也可以是含有字段名的表达式,但所含的字段必须是数据类型的字段
Min(字符表达式)	返回包含在查询的指定字段内的一组值中的最小值
Max(字符表达式)	返回包含在查询的指定字段内的一组值中的最大值

续表

函 数	代 表 功 能
Avg(字符表达式)	返回包含在查询的指定字段内的一组值的平均值
Sum(字符表达式)	返回包含在查询的指定字段内的一组值的总和
Day(日期)	返回值介于 1～31，代表所指定日期中的日子
Month(日期)	返回值介于 1～12，代表所指定日期中的月份
Year(日期)	返回值介于 100～9999，代表所指定日期中的年份
Date()	返回当前的系统日期
Now()	返回当前的系统日期时间
DateAdd()	以某一日期为准，向前或向后加减
DateDiff()	计算出两日期时间的间距
Len(字符表达式)	返回字符表达式的字符个数
Right (string，length)	返回从字符串右侧起的指定数量的字符
Left(string，length)	返回从字符串左侧起的指定数量的字符
IIf(判断式，为真的值，为假的值)	以判断式为准，在其值结果为真或假时，返回不同的值

表 5.2 仅仅列出一些最基本且常用的函数，Access 2007 的在线帮助已按字母顺序详细列出了它所提供的所有函数与说明，大家可以自行查阅。

比如：

设置"交货日期"字段的默认值为当天，在"销售订单"表的设计视图中将该字段的默认值属性框中输入：＝Date()

查找"电话"左 4 位（即电话局号）为"6265"的表达式记为：Left([电话]，4)＝"6265"

练习 5.3

写出下列要求的表达式。

(1)写出查找 1985 年 5 月出生的会员的表达式。

(2)写出查找产品类型为"CD"和"VCD"的产品的表达式。

5.4.2　条件表达式的用法

在查询中加入条件的方法是：在查询设计视图中，单击要设置查询条件的字段的"条件"网格，直接键入所要添加的条件，或使用"查询工具-设计"选项卡的"查询设置"组的表达式"生成器" 生成器 。在数据库的查询中，常用文本、数值及日期作为条件的查询，例如查找特定的人名、产品、城市、销售业绩及盈余等。

1. 数值条件

数值包含数字及货币类型的数据，生活中经常用来统计或比较现有的结果。最常见的比较操作符是："<"、">"、"="等，如果要表示某个范围的数字，也可使用"between A and B"，其中，A、B 表示查询条件的边界数值，只有介于 A、B 之间的记录才能进入查询结果中。例如，在"分数"字段可输入：

between 75 and 85

【例 5-4】　创建查询，查找库存量少于 5 件的产品。

操作步骤如下。

①在"创建"选项卡的"其他"组中单击"查询设计"，弹出"显示表"对话框。

②在"显示表"对话框中，双击"产品"，添加到设计窗口中。

③在"设计视图"中的设置如图 5.18 所示，在"库存量"的条件框中，输入：<5。

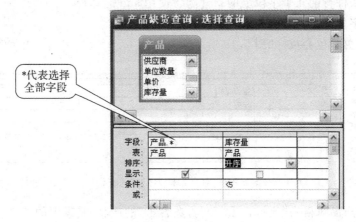

图 5.18　"产品缺货查询"设计视图

2. 文本条件

在标准情况下，输入的文本条件应在两端加上双引号，如果没有加入，Access 也会自动加上双引号。除了使用等号操作符外，还可以利用 and、or、Like、not 等运算符或关键字。

使用 Like 关键字，可以查找指定样式的字符串。

【例 5-5】　按设定的姓名查找会员。

①查找姓名是"李丽"的会员，在"姓名"字段的条件栏中输入：李丽

②查找姓"李"的会员，在"姓名"字段的条件栏中输入：Like "李 * "

③查找姓"张"或"刘"的会员，在"姓名"字段的条件栏中输入：Like "［张刘］* "

④查找非姓"李"的会员，在"姓名"字段的条件栏中输入：not Like "李 * "

⑤单击"保存"，输入查询名：查找会员。

⑥分别运行查询，查看结果。

3. 日期条件

为了与数字数据区分开来，Access 将输入的日期数据的两端各加了一个"♯"号。

在日期类型字段的条件栏中输入以下 3 种写法，结果相同。

(1)>=#1985/1/1# and <=#1985/12/31#

(2)between #1985/1/1# and #1985/12/31#

(3)Year([会员]![生日])=1985

另外,在添加日期条件时,还可以使用 Month、Year 等函数。例如,要查询七月份出生的会员名单,可在"生日"的条件框中可输入:

Month([生日]) = 7

4.在查询中指定多个准则

在多个条件网络中输入表达式时:

(1)同一条件行的几个字段上的条件隐含使用 and 运算符。

(2)同一字段的不同行中的条件隐含使用 or 运算符。

如果查询男学生会员,如图 5.19 所示。

字段:	会员 ID	会员级别	姓名	性别	
表:	会员	会员	会员	会员	
排序:					
显示:	☑	☑	☑	☑	
条件:		"学生会员"		"男"	
或:					

图 5.19　两个条件为"与"的查询

如果查询产品风格为"流行音乐"和"古典音乐"的产品,其设置的条件含义如图 5.20 所示。

字段:	产品 ID	产品名称	产品风格	艺人
表:	产品	产品	产品	产品
排序:			升序 ▽	
显示:	☑	☑	☑	☑
条件:			"流行音乐"	
或:			"古典音乐"	

图 5.20　两个条件为"或"的查询

练习 5.4

根据"产品"表、"销售订单"表、"销售记录"和"会员"表,建立名为"会员订购产品"的查询,该查询包含产品 ID、产品名称、订单 ID、销售日期、会员 ID、姓名、性别、电话等字段。

(1)这些字段分别来自哪个表?

(2)建立查询。

(3)以"会员订购产品"查询为数据源,根据下列条件分别建立选择查询。

①查找 CD 和 VCD 的订货情况。

②查找电话前 4 位是"6449"的会员的订货情况。

③查找 1984 年出生的女会员订货情况。

5.5 在查询中执行计算

Access 的查询不仅具有查找的功能,而且具有计算和统计的功能。在查询中有两种基本计算:统计计算和建立计算字段。

5.5.1 统计计算

用户经常需要获取对某些字段的汇总信息,比如,产品销售量,平均价格等。Access 提供的合计函数包括:Sum(总计)、Avg(平均值)、Min(最小值)、Max(最大值)、StDev(标准差)、Var(方差),以及 Group By、Count、First、Last、Expression 和 Where。

(1)Group By(分组):定义要执行计算的组,即分类统计的依据。

(2)Count(计数):返回所有无 Null 值记录的数量。

(3)First(第一条记录):返回表的第一个记录的字段值。

(4)Last(最后一条记录):返回表的最后一个记录的字段值。

(5)Expression(表达式):创建表达式中包含合计函数的计算字段。通常在表达式中使用多个函数时,将创建计算字段。

(6)Where(条件):指定不用于分组的字段条件。如果选定该选项,Access 将清除"显示"复选框,隐藏查询结果中的这个字段。

可以用"简单查询向导"来进行某些类型的总计计算,如总和、平均值等,但如果还要添加条件,则只能使用查询设计视图。

【例 5-6】 统计各种风格音像制品的库存合计和数量。

本例题通过"简单查询向导"创建,数据源为"产品"表。

①在"创建"选项卡的"其他"组中单击"查询向导"。

②在"简单查询向导"(图 5.4)中,在"表/查询"下拉列表框中选择"产品"表,在"可用字段"列表框中选择"产品风格"和"库存量"字段。

③单击"下一步"按钮,选择"汇总",单击"汇总选项"(图 5.21)。

在"汇总选项"对话框(图 5.22)中,列出数字类型的字段"库存量",选择"汇总"和右下方的"统计产品中的记录数",单击"确认",返回如图 5.21 所示的对话框。

④单击"下一步"按钮,输入查询的标题"各种风格产品库存",单击"完成",查询结果如图 5.23 所示。

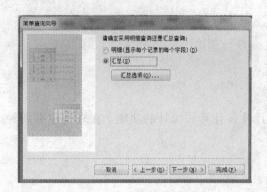 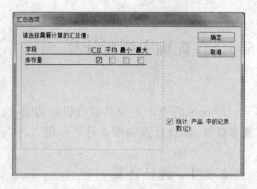

图 5.21 选择"汇总"   图 5.22 "汇总选项"对话框

图 5.23 "各类产品库存"查询结果

利用"查询设计视图"实现统计计算查询功能更强,可以提供更多的选择。

【例 5-7】 统计 10 种最畅销的产品的数量和库存合计。

本例题采用"设计视图"创建查询,数据源是例 5-1 创建的"销售订单 查询"查询。

①在"创建"选项卡的"其他"组中单击"查询设计"。在弹出的"显示表"对话框中选择"销售订单 查询"查询。

②在"设计视图"的字段栏添加"产品 ID"、"产品名称"和"数量"字段。

③在"查询工具-设计"选项卡的"显示/隐藏"组(图 5.24)中单击"总计"按钮 Σ ,在设计网格出现"总计"行,初始时各字段总计行都是"Group By"。

④在"产品名称"字段的"总计"格的下拉列表中选择"First",在"数量"字段的"总计"格中选择"总计",在"数量"字段的"排序"行的网格中选择"降序"。

⑤在"查询设置"组的"返回"组合框中输入:10。

⑥单击"保存",输入:10 种最畅销产品查询。

⑦单击"结果"组的"视图",查看查询结果(图 5.24)。

练习 5.5

(1)建立一个名为"会员订单统计"的查询,统计每个会员订单的数量。

(2)建立一个名为"产品类型统计"的查询,统计每种类型产品的库存总量。

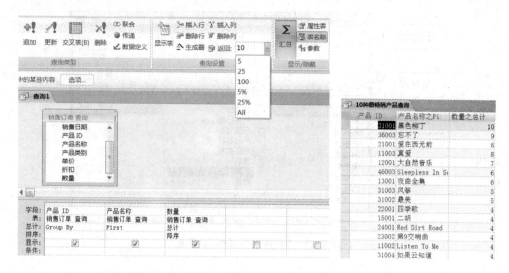

图 5.24 "10 种最畅销产品查询"设计视图和数据视图

5.5.2 在查询中建立计算字段

查询中的字段并不局限于数据库表中的字段,可以通过添加列的方式对一个或多个字段进行数值、日期和文本的计算,添加的列称为计算字段。当对应表的值发生了变化时,该字段的值将会自动重新计算。可以在空字段格中直接输入公式,或利用"生成器"按钮 ⚒ 产生计算公式。使用表达式生成器可以帮助创建表达式。使用表达式生成器可访问数据库中字段和控件的名称,以及在编写表达式时使用的许多内置函数。

【例 5-8】 计算订单记录中各产品的销售金额,数据源是例 5-1 创建的"销售订单 查询"查询。计算金额公式为:金额=数量×单价×(1-折扣)。

①在"创建"选项卡的"其他"组中单击"查询设计"。在弹出的"显示表"对话框中选择"销售订单 查询"查询。

②拖动"销售订单 查询"的"*"到字段格,选择所有字段。

③单击"保存",输入:销售记录金额。

④单击相邻的空字段格,在"查询工具-设计"选项卡的"查询设置"组(图 5.24)单击"生成器"按钮 ⚒ ,弹出"表达式生成器"对话框(图 5.25)。

⑤表达式生成器分成 3 部分,表达式框、运算符按钮和对象栏。在"对象栏"包括表、查询、报表、函数等。可以手动在表达式框中键入表达式,也可以在运算符按钮和对象栏双击相关的元素,在表达式框形成计算公式,显然利用"生成器"生成计算公式是很便利的。完成计算公式后,单击"确定",返回设计视图(图 5.26)。

⑥保存查询。单击"结果"组的"视图",查看查询结果。

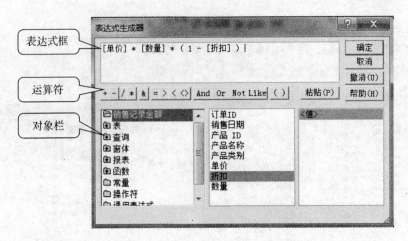

图 5.25 "表达式生成器"对话框

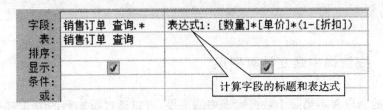

图 5.26 设计视图中的计算字段

注意:计算字段有一个由 Access 提供的名称,出现在冒号(:)之前,如"表达式 1"。用户可以根据需要改变名称,但要保留冒号。

练习 5.6

设计一个名为"会员年龄"的查询,显示每个会员的年龄。

提示:计算年龄的表达式为:year(date())-year([生日])

5.5.3 使用"属性表"窗口修饰查询结果

打开例 5-11 建立的"销售记录金额"查询,图 5.27(a)是没有使用"属性表"修饰的结果,图 5.21(b)是使用"属性表"窗口修饰的结果,显然图 5.27(b)是用户希望看到的形式。通过例 5-12 介绍查询设计视图中"属性表"窗口的用法。

【例 5-9】 通过"属性表"窗口修改标题和数字格式。

①在"销售记录金额"查询的设计窗口(图 5.26),单击"表达式 1"所在的列,在"查询工具-设计"选项卡的"显示/隐藏"组(图 5.24)单击"属性表",弹出"字段属性"窗口(图 5.28)。

②在"格式"下列列表中选择"货币",在"标题"框中输入"金额",关闭窗口。

③重新显示查询的数据窗口,观察修改字段属性的效果。

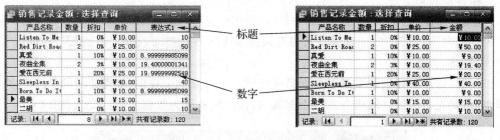

(a)字段属性设置之前效果　　　　　　　　(b)字段属性设置之后效果

图 5.27

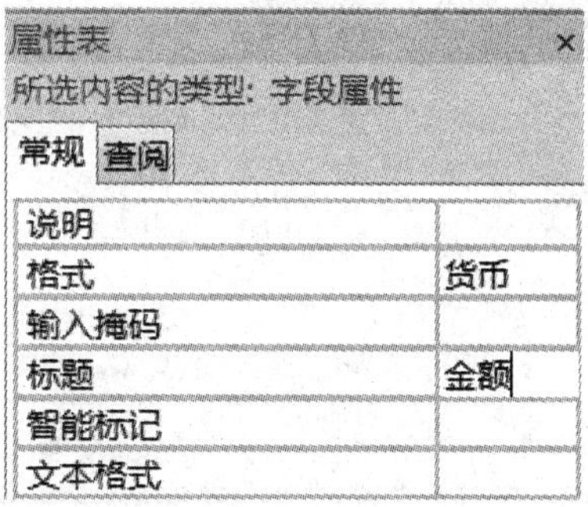

图 5.28　"属性表"窗口

练习 5.7

使用"字段属性"窗口,对例 5-7 生成的查询的标题进行修改(图 5.24),将"库存量之总计"改为"库存合计","产品之计数"改为"产品合计"。

5.6 其他简单类型查询

通过"查询向导"可以建立简单选择查询。本节介绍采用"查询向导"建立的交叉表查询、查找重复项查询、查找不匹配项查询。

5.6.1 交叉表查询

交叉表查询以行和列的字段作为标题和条件,选取数据,在行与列的交叉处对数据进行汇总、统计等计算。例如,在交叉表查询结果中可用行来代表会员姓名,列表示产品名称,而网格中的数据则是会员购买产品数量。

1.交叉表查询向导

【例 5-10】 建立交叉表查询,统计各类产品按不同风格汇总的库存量。

操作步骤如下。

①在"创建"选项卡的"其他"组中单击"查询向导"。选择"交叉表查询向导",打开交叉表查询向导(图 5.29)。选择交叉表查询所基于的表或查询,选择"产品"表,并单击"下一步"按钮。

注意:通过向导创建交叉表查询只可使用一个表或一个查询,如需使用的字段在多个表中,需要先将所需字段组合在一个查询内,再以此查询为数据源建立交叉表查询。

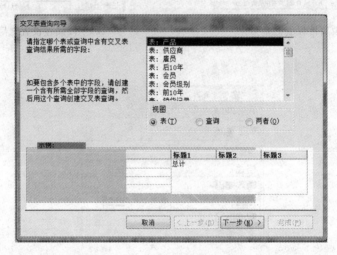

图 5.29　交叉表查询向导

②按照向导对话框的提示(图 5.30(a)),为交叉表选取行标题"产品类别",行标题最多可选 3 个字段。

③单击"下一步"按钮,在对话框中为交叉表选择一个列标题"产品风格"(图 5.30(b))。

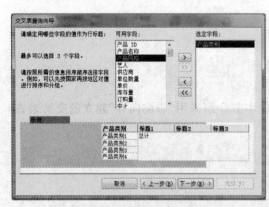
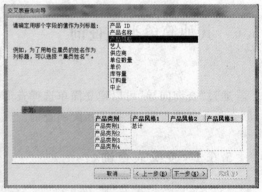

　　　　(a)　选取行标题　　　　　　　　　　　　(b)　选取列标题

图 5.30　交叉表查询向导

④为行与列的交叉点指定一个字段(图 5.31),在字段框选中"库存量",在函数列表中选择"汇总"函数,保留"是,包含各行小计"选项。

注意:交叉点指定的字段通常为数字类型,除非使用的统计函数是"计数"函数。

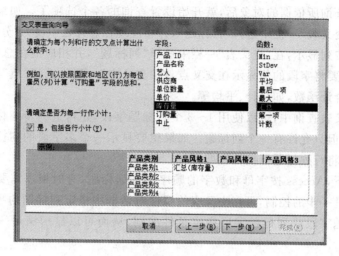

图 5.31　选择交叉表计算字段

⑤输入查询名:*产品_交叉表*,保存查询。交叉表查询结果如图 5.32 所示。

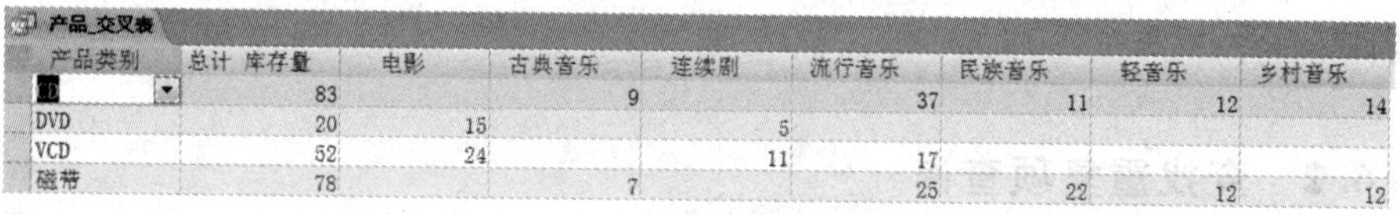

图 5.32　交叉表查询结果

2. 设计视图中的交叉表查询

可以使用向导,也可以用查询设计视图建立或修改交叉表查询,"产品_交叉表"的设计视图如图 5.33 所示。在设计视图中,需要在"查询工具-设计"选项卡的"查询类型"组中选择"交叉表查询",指定要作为列标题的字段、行标题的字段,以及进行求和、平均、计数等类型的字段值。

图 5.33　交叉表查询的设计视图

在添加了查询所依据的对象后，就开始设置查询的各个选项了。如果要将字段的值按行显示，在"交叉表"一栏中选择"行标题"，并相应现在总计栏中设为"分组"选项。如果要将字段的值按列显示，在"交叉表"一栏中选择"列标题"，并相应地在总计栏中设为"分组"选项。如果要将字段的值显示在交叉点，在"交叉表"一栏中选择"值"选项，并在总计栏中设为某个合计函数，如合计、平均等。

在一个交叉表查询中，可以使用1～3个行标题字段，还可进一步细化交叉表查询所要显示的数据，但只允许有一个列标题。如果想要显示一个多字段的列标题和单字段的行标题，则只需将行列标题互换位置即可。

默认状态下，Access按字母和数字的顺序来排列标题，有时根据需要对交叉表的列标题的显示作进一步的控制，可在交叉表的属性对话框中指定列标题的顺序。还可以为交叉表的行标题字段或列标题字段指定条件准则，从而可以显示满足一定条件的数据记录。

练习5.8

(1)利用图5.27的交叉表查询设计视图，将行标题和列标题互换。

(2)建立一个名为"供应商与产品类别交叉表"查询，统计供应商提供各类产品汇总的库存量。

5.6.2　查找重复项查询

顾名思义，"查找重复项查询向导"用来查询字段值重复的记录，设置为主键的字段一定不能重复，因而在这里查找的字段不是表的主键。

【例5-11】　查找"会员"表中的同名会员，操作步骤如下。

①在"创建"选项卡的"其他"组中单击"查询向导"，选择"查找重复项查询向导"。在向导对话框中选择"会员"表，查找在"会员"表中同名会员的记录，以查询同名会员的情况。

②选择可能包含重复信息的字段"姓名"，如图5.34所示。

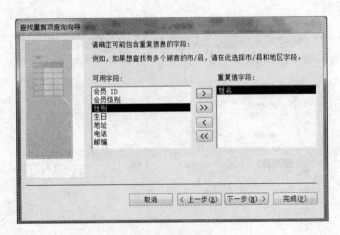

图5.34　选择重复项字段

③选择除了重复信息字段外,查询中还需要显示相关字段,如选择"会员 ID"、"性别"和"会员级别"等。

④输入查询名:查找同名会员,查看查询结果。

练习 5.9

查找年龄相同的会员,利用练习 5.6 设计一个名为"会员年龄"的查询。

5.6.3　查找不匹配项查询

查找不匹配项查询可以对两个表进行比较,并在其中一个表中标识出另一个表中没有相应记录的记录。

【例 5-12】　搜索出没有签订销售订单的会员名单。

操作步骤如下。

①在"创建"选项卡的"其他"组中单击"查询向导"。选择"查找不匹配项查询向导",并从显示的表或查询中选择具有不匹配记录的表,如"会员"表。

②选择不包含匹配记录的"销售订单"表。

③选择在两个表中匹配字段,即联系两个表的关联字段。如选中两个表的"会员 ID"后,单击 <=> 按钮,使其显示在匹配字段框中,如图 5.35 所示。

④选择查询中需要显示的相关字段,输入查询名:未签订单会员名单。单击"完成"按钮,显示查询结果。

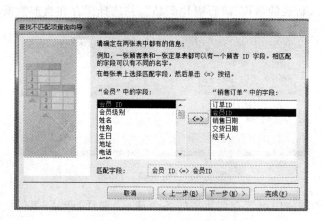

图 5.35　选择匹配字段

5.7　动作查询

前面介绍的几种查询方法都是根据特定的查询准则,从数据源中产生符合条件的动态数据集,但是并没有改变表中原有的数据。动作查询不仅可以搜索、显示数据库,还可以对数据库进行动态修改。根据功能不同,可将动作查询分为:生成表查询、更新查询、追加查询和删除查询。

由于动作查询,除生成表查询(该查询创建新表)外,所有动作查询都会更改基础表中的数据。这些更改无法轻易撤销,而且某些错误的查询操作可能会造成数据表中数据的丢失。因此用户在运行动作查询之前,应该先对数据库或表进行备份。或者,在数据表视图中查看该查询。

另外,在运行动作查询之前,要确定打开数据库时,单击消息栏上的"选项",选择"启用此内容"。否则,动作查询将被禁止运行。

5.7.1   生成表查询

生成表查询可以利用表、查询中的数据创建一个新表,还可以将生成的表导出到数据库或窗体、报表中,实际上就是把查询生成的动态集以表的形式保存下来。生成的表可以作为数据备份,或者作为新的数据集。

【例 5-13】   创建生成表查询,创建一个由"滚石唱片"公司提供的产品表。操作步骤如下。

①在"创建"选项卡的"其他"组中单击"查询设计",打开查询设计视图,添加"产品"表。

②在"查询工具-设计"选项卡的"查询类型"组选择"生成表查询",在"生成表"对话框(图 5.36)中输入新表的名称"滚石唱片产品",并选择保存在当前数据库。

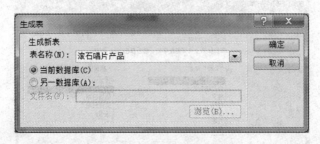

图 5.36   "生成表"对话框

③在设计视图网格中设置查询所需的各个选项,选择"产品"表的所有字段,在"供应商"字段的"条件"行网格中输入"滚石唱片"。

④在"其他"组中单击"视图",按选择查询查看结果。再次单击"视图",切换到设计视图。

⑤单击"保存"按钮,在"另存为"对话框输入:生成滚石唱片产品。

⑥单击"运行"按钮 ,系统会弹出创建新表提示框(图 5.37)。在选择了"是"按钮后,系统就创建了"滚石唱片产品"表。也可以关闭设计视图,在"导航窗格"的"查询"组中,双击"生成滚石唱片产品"查询。生成表查询的图标是 。

⑦在"导航窗格"的"表"组中,可以查看所生成的"滚石唱片产品"表。

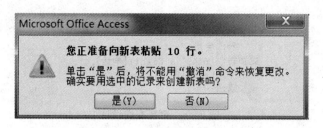

图5.37　创建新表对话框

当再次运行生成表查询时,系统会提示是否要删除已有的表,通常选择"是",产生的新表取代原有的表。

　　练习5.10

创建一个只包含学生会员的表,所生成表的表名是"学生会员"。

5.7.2　更新查询

更新查询可以对一个或多个表中符合查询条件的数据作批量的更改,如修改某类产品的价格,可以将更新查询视为一种功能强大的"查找和替换"对话框形式,更新查询不能添加或删除记录。要设计更新查询,首先需要定义条件准则去获取目标记录,还要提供一个表达式去创建替换后的数据。

　　【例5-14】　创建更新查询,将会员的电话局号由"6666"改为"6449"的电话号码。保存设计为"更新电话局号"查询。

电话局号为电话号码的左端的4位数,利用Left函数来判断电话局号是否为"6666"。条件准则的表达式为:Left([电话], 4)="6666"。

更新电话号码的表达式可以利用Right函数,将新的电话局号"6449"连接原来电话右端的4位数,更新电话表达式为:"6449" & Right([电话], 4)。

操作步骤如下。

①在"创建"选项卡的"其他"组中单击"查询设计",打开查询设计视图,添加"会员"表。

②在"查询工具-设计"选项卡的"查询类型"组中选择"更新查询"。这时设计网格中就新增了"更新到"一项。

③在设计视图上,添加"电话"字段,在"更新到"格中输入:"6449" & Right([电话], 4),在"条件"格中输入:Left([电话],4)="6666",如图5.38所示。

④在"结果"组中单击"视图",按选择查询查看结果。再次单击"视图",切换到设计视图。

⑤单击"保存"按钮,在"另存为"对话框输入:更新电话局号。

⑥单击"运行"按钮 ，系统会弹出更新表提示框。选择"是"按钮后,则对表中的字段作了更新修改。

查看会员表的记录,发现电话局号由"6666"改为"6449"。

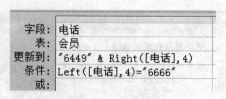

图 5.38　更新查询设计

练习 5.11

设计一个更新查询，将"产品"表中 VCD 产品的单价下调 10%。

5.7.3　追加查询

为了避免手动输入数据，可以利用追加查询将这些新数据记录从一个或多个源表（或查询）添加到一个或多个目标表。

【例 5-15】　现有"新产品"表，表结构与"产品"表相同。利用追加查询将"新产品"表中"滚石唱片"供应商的产品记录追加到"产品"表中。

操作步骤如下。

①在"创建"选项卡的"其他"组中单击"查询设计"，打开查询设计视图，添加"新产品"表。

②在"查询工具-设计"选项卡的"查询类型"组中选择"追加查询"。

③弹出"追加"对话框，如图 5.39 所示。在"表名称"下拉框中选择追加记录的表，"产品"，单击确定按钮，设计网格中就会增加"追加到"一行。

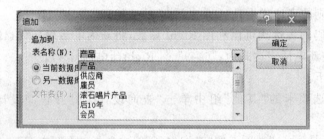

图 5.39　"追加"对话框

④在设计视图中设置需要追加到目标表的各个选项，在"追加到"一栏中选择表中对应的字段，如图 5.40 所示。

图 5.40　追加记录查询设计窗口

一般情况下,把追加表的字段拖动至字段行后,系统会自动在"追加到"行给出相对应的字段,也可以通过下拉选项对其进行变更。

⑤单击"视图"钮,可以查看要追加表的记录。确认无误后,选择执行命令按钮,系统会弹出追加记录提示框,选择"是"按钮,则将选定的记录追加到目标表中。

⑥单击"保存"按钮,在"另存为"对话框中输入:追加新产品。

说明:追加查询往往只能运行一次,原因在于再次运行会将相同的记录追加到表中,产生主键值冲突的错误。除非追加不同的记录。

5.7.4　删除查询

删除查询可以从已有表中删除符合指定条件的记录,且所作的删除操作是无法撤销的,就像在表中直接删除记录一样。因此用户在进行删除查询之前,应该先对数据库或表进行备份。另外,由于表之间建立了关系,因此如果出现破坏数据完整性的删除操作,系统会提出相应的提示信息。

【例 5-16】　创建删除查询,删除"新产品"表中"滚石唱片"供应商的产品记录,操作步骤如下。

①在"创建"选项卡的"其他"组中单击"查询设计",打开查询设计视图,添加"新产品"表。

②在"查询工具-设计"选项卡的"查询类型"组中选择 "删除查询"。

③设计网格中出现"删除"一行,设置删除查询的各个选项,如图 5.41 所示。在条件一栏中输入删除记录所必需满足的条件,如果不填写任何条件,默认情况下会删除表中的所有的记录。

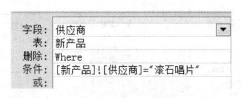

图 5.41　删除查询窗口

④单击"视图"按钮,可以查看要删除的记录。确认无误后,选择执行命令按钮。

⑤单击"保存"按钮,在"另存为"对话框输入:删除新产品记录。

以上我们介绍了 Access 提供各种查询,这些查询对象的图标各不相同(图 5.42)。

图 5.42　不同类型的查询图标

练习 5.12

设计一个删除查询,将练习 5.10 生成的"学生会员"表中性别为"男"的记录删除。

5.8 参数查询

如果我们要在网上订购机票,网站会询问出发地、目的地、日期等问题,然后提供一个满足条件的方案。而运行以上查询都是按设计查询的要求得到相同的结果。使用参数查询可以在运行同一查询中,根据输入的参数不同而得到不同的查询结果,使得查询更加方便灵活。参数查询不是一种独立类型的查询,可以将以上各类查询设计成参数查询,与选择查询的不同之处在于:

(1)在设计视图中将条件表达式的某些常量改用参数。

(2)在运行参数查询时,弹出对话框,要求用户输入相应值。参数由方括号括起来,格式为:[**参数名**]。

【**例 5-17**】 修改例 5-5 建立的查找姓"李"的查询,改为参数查询,通过先输入会员的姓或姓名,显示查找结果。

①打开"查找会员"设计视图,在"姓名"字段的"条件"栏中将原来选择查询的条件:Like "李 * "改为:Like [输入姓或姓名] & " * ",如图 5.43 所示。注意两者的区别,将常量"李"改为参数"[输入姓或姓名]",表达式中使用连接运算符(&)与通配符(*)相连。

注意:参数名既是一个变量名,还起到提示语的作用。同时,参数名不能与字段名相同。

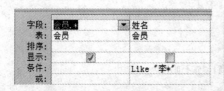

图 5.43　选择查询与参数查询的比较

②单击"保存"按钮,在"另存为"对话框输入:查找会员(参数)。

③单击"执行"按钮,弹出"输入参数"对话框框,如图 5.44 所示。系统会根据参数的值执行相应的查询,显示查询结果。例如,当输入"王"时,数据表视图中只会显示姓王的会员信息。

可以在"查询工具-设计"选项卡的"隐藏/显示"组选择 "参数",在"查询参数"框(图5.45),设置参数的数据类型,规定输入信息的数据类型。

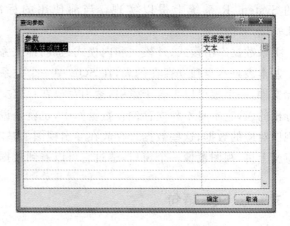

图 5.44　参数输入框　　　　　　　　图 5.45　查询参数对话框

可以建立多个参数,运行查询时输入多个条件查找记录。

【例 5-18】　建立参数查询,在查询会员生日区间,可要求输入起始日和截止日。

①在"条件"栏中输入带参数的查询条件:Between［起始日］And［截止日］,如图 5.46 所示。

②单击"保存"按钮,在"另存为"对话框输入:生日区间查询

③在运行参数查询时,就会陆续出现两个对话框,分别要求输入起始日和截止日,显示两个日期之间的记录。

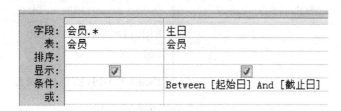

图 5.46　多个参数的查询

练习 5.13

(1)建立参数查询,通过输入会员的姓或姓名,查找该会员订货情况。

(2)建立参数查询,通过输入年代,查找该年代的订货情况。

(3)建立参数查询,由用户指定产品类型和调价幅度,实现对产品表的更新查询。

5.9　SQL 查询

SQL 是目前使用最为广泛的关系数据库查询语言。作为工业标准化语言,SQL 语言于 1974 年由 Boyce 公司和 Chamberlin 公司提出,并在 IBM 公司的圣约瑟研究实验室研

制的 System R 系统上得以实现。当前使用的标准 SQL 文本是在 1992 年发布的
SQL-92。

关系数据库由模式、外模式和内模式组成,即关系数据库的基本对象是表、视图和索
引。基本表是本身独立存在的表,在 SQL 中一个关系对应一个表。一些基本表对应一个
存储文件,一个表可以带若干索引,索引存放在存储文件中。视图是从基本表或其他视图
中导出的表,它本身不独立存储在数据库中,也就是说数据库中只存放视图的定义而不存
放视图对应的数据,这些数据仍存放在导出视图的基本表中,因此视图是一个虚表。从这
个意义上讲,视图就像一个窗口,透过它可以看到数据库中自己感兴趣的数据及其变化。

5.9.1 SQL 语句

SQL 语言的功能包括了查询、操纵、定义和控制 4 个方面,也就是说集成了数据库定
义语言(Data Defining Language,DDL)和数据库操作语言(Data Manufacturing
Language,DDL)的功能,是一种综合、通用、功能极强的关系数据库语言。SQL 语言既可
以作为独立的语言供终端用户联机使用,也可以作为宿主型语言嵌入某种高级程序设计
语言中使用。

由于设计巧妙,语言简洁,完成数据定义、数据查询、数据操纵、数据控制的核心功能
只用了 9 个动词,如表 5.3 所示:

表 5.3 SQL 语言的动词

SQL 功能	动 词
数据定义	CREATE,DROP,ALTER
数据查询	SELECT
数据操纵	INSERT,UPDATE,DELETE
数据控制	GRANT,REVOTE

1. CREATE

CREATE 语句用于创建基本表、索引和视图。其中,定义表的一般格式为:
CREATE TABLE <表名> (<列名> <数据类型> [列级完整性约束条件]
                       [, <列名> <数据类型> [列级完整性约束条件]]…
                       [, <表级完整性约束条件>]);
其中,<表名>是所要定义的基本表的名字,它可以由一个或若干个属性(列)组成。建表
的同时还可以定义与该表有关的完整性约束条件。

【例 5-19】 建立一个学生基本情况表,包含学号、姓名、性别、出生年月、班级等属
性,其中学号属性不能为空,且其值是唯一的。

    CREATE TABLE 学生
         (学号   CHAR(8) NOT NULL UNIQUE,

```
     姓名         CHAR(8),
     性别         CHAR(1),
     出生年月     DATE,
     班级         CHAR(20));
```

　　Access 支持的 SQL 语句中数据类型的名称和 Access 的并不完全一样。尽管如此，两者大部分的数据类型都能够互相对应。例如，CHAR 表示文本类型，DATE 为日期类型，MONEY 为货币类型，MEMO 为备注类型等。

　　建立索引使用 CREATE INDEX 语句，创建视图使用 CREATE VIEW 语句。

2. DROP

　　当某个基本表、索引或视图不再需要时，可以使用 DROP 对其进行删除，其一般格式为。

DROP TABLE <表名>；

DROP INDEX <索引名>；

DROP VIEW <视图名>；

【例 5-20】　删除学生表的命令为：

```
 DROP TABLE   学生；
```

3. ALTER

　　ALTER TABLE 语句用于基本表的修改，其一般格式为：

ALTER TABLE <表名>

　　　　　［**ADD** <新列名> <数据类型> ［完整性约束］］

　　　　　［**DROP** <完整性约束名>］

　　　　　［**MODIFY** <列名> <数据类型>］；

其中，<表名>指定需要修改的基本表，ADD 子句用于增加新列和新的完整性约束条件，DROP 子句用于删除指定的完整性约束条件，MODIFY 子句用于修改原有的列定义。

【例 5-21】　删除学生表中关于学号必须取值唯一的约束限制。

```
 ALTER TABLE   学生 DROP UNIQUE(学号)；
```

4. SELECT

　　SELECT 用于对数据库进行查询，其一般格式为：

SELECT ［**ALL**｜**DISTINCT**］ <目标列表达式> ［，<目标列表达式>］…

　　　　　FROM <表名或视图名> ［，<表名或视图名>］…

　　　　　［**WHERE** <条件表达式>］

　　　　　［**GROUP BY** <列名1> ［**HAVING** <条件表达式>］］

　　　　　［**ORDER BY** <列名2> ［**ASC**｜**DESC**］］；

　　整个 SELCET 语句的含义是，根据 WHERE 子句的条件表达式，从 FROM 子句指定的基本表或视图中找出满足条件的元组，再按 SELECT 子句中的目标列表达式，选出

Access 数据库基础

元组中的属性值形成结果表。ALL 为默认值，表示所有满足条件的记录，DISTINCT 用于忽略重复数据的记录，即在基本表中重复的记录只出现一次。如果有 GROUP 子句，则将结果按<列名 1>的值进行分组，该属性列值相等的元组为一个组，每个组产生结果表中的一条记录。如果 GROUP 子句带 HAVING 短语，则只有满足指定条件的组才予输出。如果有 ORDER 子句，则结果表还要按<列表 2>的值升序或降序排序。

SELECT 语句既可以完成简单的单表查询，也可以完成复杂的连接查询和嵌套查询。为了完成各种查询，可以再建立一个基本表成绩，其包含的字段有学号、课程名、分数。

【例 5-22】 查询全体学生的姓名、学号、班级。

SELECT 姓名，学号，班级

FROM 学生；

查询成绩有不及格的学生的姓名、班级、课程名，并显示。本查询涉及学生与成绩两个表中的数据，这两个表之间的联系是通过两个表都具有的属性"学号"实现的。

SELECT DISTINCT 会员.姓名，会员.班级，成绩.课程名

FROM 学生，成绩

WHERE 会员.学号 = 成绩.学号 AND 成绩.分数 < 60；

将一个查询块嵌套在另一个查询块的 WHERE 子句或 HAVING 短语的条件中的查询，称为嵌套查询或子查询。例如，查询"张三"的同班同学的学号、姓名、班级。

SELECT 学号，姓名，班级

FROM 学生

WHERE 班级 IN

(SELECT 班级

FROM 学生

WHERE 姓名 = '张三')；

若要把多个 SELECT 语句的结果合并为一个结果，则需要用到集合操作。集合操作主要包括并操作 UNION、交操作 INTERSECT、差操作 MINUS。

5. INSERT

SQL 的数据插入语句 INSERT 通常有两种形式，一种是插入一个元组，另一种是插入子查询结果。

插入单个元组的 INSERT 语句的格式为：

INSERT

INTO <表名> [(<属性列 1> [，<属性列 2>…])]

VALUES (<常量 1> [，<常量 2>]…)；

其功能是将新元组插入指定表中，新记录属性 1 的值为常量 1，属性列 2 的值为常量 2，……如果某些属性列在 INTO 子句中没有出现，则新记录在相应列上取空值。

【例 5-23】 将一个新学生记录插入学生表：

```
INSERT
INTO 学生
VALUES ('20030012', '李四', '男');
```

若想将子查询的结果全部插入指定表中,把 VALUES 子句换为子查询的名称即可。

6. UPDATE

修改操作又称更新操作,其语句的一般格式为:

UPDATE <表名>

SET <列名>=<表达式> [,<列名>=<表达式>]…

[**WHERE** <条件>];

其功能是修改指定表中满足 WHERE 子句条件的元组。SET 子句用于指定修改方法,即用<表达式>的值取代相应的属性列值,如果省略 WHERE 子句,则表示要修改表中所有元组。

【例 5-24】 将学生李四的姓名改变为赵五。

```
UPDATE 学生
SET 姓名 = '赵五'
WHERE 姓名 = '李四';
```

7. DELETE

DELETE 语句用于删除表中的数据,其一般格式为:

DELETE

FROM <表名>

[**WHERE** <条件>];

其功能是从指定表中删除满足 WHERE 子句条件的所有元组,如果省略 WHERE 子句,表示删除表中全部元组。

【例 5-25】 删除学号为 20020512 的学生记录。

```
DELETE
FROM 学生
WHERE 学号 = '20020512';
```

8. GRANT

GRANT 语句用于将指定操作对象的指定操作权限授予指定的用户,其格式为:

GRANT <权限> [,<权限>]…

[**ON** <对象类型> <对象名>]

TO <用户> [,<用户>]…

[**WITH GRANT OPTION**];

不同类型的操作对象有不同的操作权限,如表 5.4 所示。

表 5.4 不同对象类型允许的操作权限

对　象	对象类型	操　作　权　限
属性列	TABLE	SELECT,INSERT,UPDATE,DELETE,ALL PRIVIEGES
视图	TABLE	SELECT,INSERT,UPDATE,DELETE,ALL PRIVIEGES
基本表	TABLE	SELECT,INSERT,UPDATE,DELETE,ALTER,INDEX,ALL PRIVEGES
数据库	DATABASE	CREATETAB

9. REVOKE

REVOKE 语句用于收回所授予的权限,其格式为:

REVOKE <权限> [,<权限>]…

[ON <对象类型> <对象名>]

FROM <用户> [,<用户>]…

【例 5-26】 把对学生表的查询权限授予所有用户。

```
GRANT SELECT ON TABLE  学生 TO PUBLIC;
```

收回所有用户对表学生的查询权限。

```
REVOKE SELECT ON TABLE  学生 FROM PUBLIC;
```

5.9.2 SQL 视图

在 Access 中,所有的查询都可以认为是一个 SQL 查询。创建查询时,Access 便会自动形成相应的 SQL 语句。在 SQL 视图中可以查看和编辑 SQL 语句。

任何类型的查询都可以通过修改查询的 SQL,来对现有的查询进行修改使之满足用户的需求。查看或编辑 SQL 代码,可以在进入查询的设计视图后,选择"视图 | SQL 视图"菜单命令或单击工具栏上的"视图"按钮████ ▼右边的向下箭头按钮,选择"SQL 视图"。

【例 5-27】 对比显示"生日区间查询"的设计视图和 SQL 视图。

①打开"生日区间查询"的设计视图,如图 5.47(a)所示。

②在"查询工具-设计"选项卡的"结果"组单击"视图"向下箭头按钮,选择"SQL 视图",打开该查询的 SQL 视图,如图 5.47(b)所示。

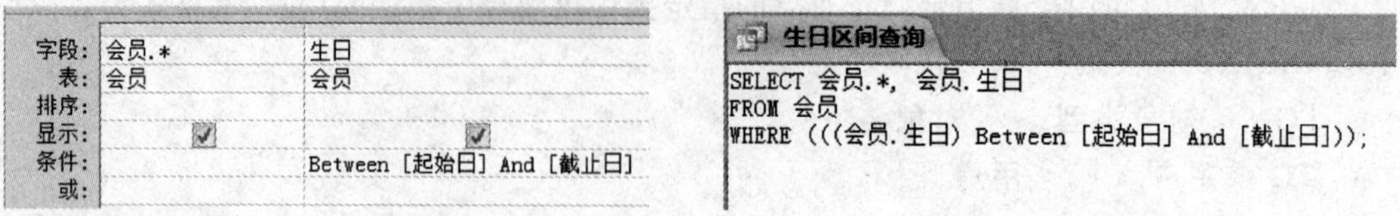

字段:	会员.*	生日
表:	会员	会员
排序:		
显示:	☑	☑
条件:		Between [起始日] And [截止日]
或:		

(a) 设计视图

```
生日区间查询
SELECT 会员.*, 会员.生日
FROM 会员
WHERE (((会员.生日) Between [起始日] And [截止日]));
```

(b) SQL 视图

图 5.47

练习 5. 14

选择各类查询,通过设计视图和 SQL 视图理解 SELECT 语句。

Microsoft Access SQL 与标准的 SQL 语言相比,在功能上作了大量的扩充和补充。其中,SELECT 语句的格式与标准 SQL 中的 SELECT 基本一致,但也有所区别。为了应用方便,介绍一下 SELECT 的几个子句。

1. TOP

TOP 用于指定只返回前面一定数量的数据。当查询到的数据非常多,但又没有必要对所有数据进行浏览时,它可以大大减少查询时间。其格式为:

SELECT [TOP integer | TOP integer PERCENT] <目标列表达式> [,…]

FROM <表名>;

TOP integer 表示返回最前面的几行,用整数表示返回的行数。TOP integer PERCENT 是用百分比表示返回的行数。

【例 5-28】 从产品表中返回价格最高的 10 行数据:

```
SELECT TOP 10  *
FROM  产品
ORDER by  单价 DESC;
```

2. DISTINCT 与 DISTINCTROW

DISTINCT 能够从返回的结果数据集合中删除重复的行,DISTINCTROW 是 Access 独有的属性,其功能与 DISTINCT 相似。DISTINCTROW 与 DISTINCT 的最大区别是根据表中所有的字段来查找重复记录的,而不仅仅是根据所选定的字段值。只要有一个字段是不同的,在数据表中就显示全部记录。

3. FROM

FROM 表示 SELECT 语句中的字段所在的表,当使用多个表时,可以提供一个表的表达式。表的表达式可以是下面的三种形式之一:

```
INNER JOIN … ON
RIGHT JOIN … ON
LEFT JOIN … ON
```

使用 INNER JOIN … ON 可以指定 Access 为传统的等值连接,在 FROM 后面来指定使用的主表名,INNER JOIN 部分指定要使用的第二个表,ON 部分指定用于把两个表连接在一起的字段。如果两个表之间使用的是外部连接,则应使用 RIGHT JOIN 和 LEFT JOIN,两者的工作是完全相同的。

4. WHERE

WHERE 用来表示查询的条件。在 WHERE 子句中可以使用各种算术运算符、逻辑运算符,以及 BETWEEN、IN、LIKE 和各种合计函数。

在进行数据查询时,还可以对查询到的数据进行再次计算。计算列并不存在于表格所存储的数据,它是通过对某些列的数据进行计算得来的结果。

5.9.3 创建 SQL 查询

通常,在 Access 中创建查询一般不必使用 SQL 语句,只要选择对话框选项就可通过向导、查询设计器构造所需的查询,并形成对应的 SQL 语句。但是,联合、传递、数据定义这 3 种特定查询只能在 SQL 视图中编写 SQL 语句。

1. 创建联合查询

联合查询就是将多个查询结果合并起来,形成一个完整的查询结果,对两个查询要求是:查询结果的字段名类型相同,字段排列的顺序一致。联合查询使用 UNION 关键词可以连接两个 SELECT 语句,结果集是两个 SELECT 语句所选择记录的合集。

【例 5-29】 创建联合查询,将"前 10 年"和"后 10 年"的记录进行联合查询。操作步骤如下。

①在"创建"选项卡的"其他"组中单击"查询设计",打开查询设计视图。

②在"查询工具-设计"选项卡的"查询类型"组单击"联合",选择"SQL 视图",打开联合查询设计窗口,实际上就是一个文本编辑器。输入:

```
SELECT *
FROM 前 10 年
UNION SELECT * FROM 后 10 年;
```

③单击"保存"按钮,在"另存为"对话框输入:联合查询前后 10 年。

④运行该查询,显示"前 10 年"和"后 10 年"的所有记录(图 5.48)。

年度	基数	个人账户	平均工资	工资变化
1992	2122	2796	1688	2122
1993	2186	2880	1722	2186
1994	2252	2976	1756	2252
1995	2320	3060	1791	2320
1996	2390	3156	1827	2390
1997	2462	3252	1864	2462
1998	2536	3348	1901	2536
1999	2612	3444	2000	2612
2000	2690	3552	1978	2690
2001	2771	3660	2018	2771
2002	2854	3768	2058	2854
2003	2940	3876	2099	2940
2004	3028	3996	2141	3028

记录: ⊮ 第 1 项(共 20 项) ▶ ▶⊮   无筛选器   搜索

图 5.48 联合查询结果

需要注意的是,参加 UNION 操作的各数据项数目必须相同,对应项的数据类型也必须相同。而且在将多个查询结果合并起来,形成一个完整的查询结果时,系统会自动去掉重复的记录。

2. 创建数据定义查询

数据定义查询可以创建、删除、更改表,也可以为表创建索引。

要创建数据定义查询,应首先打开查询设计器,并关闭显示对话框。然后选择查询菜单或鼠标右键菜单的"SQL 特定查询"子菜单中的"数据定义"命令,进入 SQL 数据定义查询文本编辑窗口。在窗口中输入 Trans-SQL 查询语句,每个数据定义查询只能由一个数据定义语句组成。

【例 5-30】 建立一个客户表:

```
CREATE TABLE  客户（编号 CHAR(6),姓名 CHAR(8) NOT NULL,单位 CHAR(20)）;
```

单击执行命令,就会创建一个含有 3 个字段的客户表。

同样,也可以用同样的步骤创建更改、删除表,以及记录操纵的 SQL 查询:

```
'为客户表添加电话号码字段
ALTER TABLE  客户 ADD  电话号码 CHAR(15);
'删除客户表
DROP TABLE  客户;
'为客户表建立索引
CREATE INDEX  客户索引 ON  客户（姓名）;
'向客户表中添加记录
INSERT INTO  客户（编号,姓名）VALUES ('1','张三');
'修改客户表中张三的电话号码
UPDATE  客户 SET  电话号码 = '87654321' WHERE  姓名 = '张三';
'删除客户表中姓名为张三的记录
Delete FROM  客户 WHERE  姓名 = '张三';
```

思考题和习题

一、选择题

1. 如果经常定期性地执行某个查询,但每次只是改变其中的一组条件,那么就可以考虑使用_____查询。

(A) 选择查询   (B) 参数查询   (C) 交叉表查询   (D) 动作查询

2. _____窗口是 Access 其他对象没有的窗口。

(A) 设计视图   (B) 设计查询   (C) SQL 视图   (D) 数据表视图

3. 如果在数据库中已有同名的表,_____查询将覆盖原有的表。

(A) 删除   (B) 追加   (C) 生成表   (D) 更新

4. 如果想找出不属于某个集合的所有数据,可使用_____操作符。

(A) and　　　　　(B) or　　　　　(C) like　　　　　(D) not

5. 下列＿＿＿＿SELECT 关键字用于返回查询的非重复记录？

(A) TOP　　　　　(B) GROUP　　　(C) DISTINCT　　　(D) ORDER

二、填空题

1. Access 2007 数据库系统支持五种查询，它们分别是：选择查询、＿＿＿＿＿、＿＿＿＿＿、＿＿＿＿＿和 SQL 查询。

2. 如果根据输入的姓名中部分单词插叙查找记录，对应的条件表达式为＿＿＿＿＿。

3. 若想用一个或多个字段的值进行数值、日期和文本的计算，需要在查询设计网格直接添加＿＿＿＿＿字段。

4. SQL 语言的功能包括了＿＿＿＿＿、＿＿＿＿＿、＿＿＿＿＿和控制 4 个方面，也就是说集成了数据库 DDL 语言和 DDL 语言的功能。

5. 在 Access，SQL 查询具有 3 种特定形式：＿＿＿＿＿、＿＿＿＿＿和数据定义。

三、思考题

1. 为什么要使用查询来处理数据？查询可以完成哪些功能？

2. 选择查询、交叉表查询和参数查询有什么区别？动作查询分为哪几种？

3. 简述创建子查询的操作步骤。

4. 什么是查询的三种视图，各有什么作用？

5. 能否在查询设计视图中修改表间的关系？如果能，应该如何修改？

6. 利用"会员"表，写出下列条件表达式：

(1)年龄在 18～22 岁的男生。

(2)1985 年以后出生的"学生会员"和"普通会员"。

(3)查找家住"朝阳"的会员。

7. 在条件表达式中如何引用数据库中的字段？

8. 如何为一个查询添加计算字段？

9. 如何使用查询把罗斯文示例数据库的"产品"表中的"单价"统一降低 10％？

10. SQL 语言有何特点，在 Access 的查询中如何使用 SQL 语句？

11. 熟悉 SELECT 语句的用法，并以实例的方式写出 Access 的各种查询 SQL 语句。

12. 如果在"姓名"字段的条件栏中输入：李，能否查找到姓"李"的会员？为什么？

实验

练习目的

学习查询的使用方法。

练习内容

1. 完成本章的例题和练习。

2. 打开"我的罗斯文 2007"示例数据库，了解"订单查询"、"各类产品"、"订单小计"等查询是如何设计的。

3. 利用第 3 章和第 4 章实验建立的"图书借阅"数据库完成以下操作。

(1)利用参数查询,按书号查找借书人。

(2)利用参数查询,按借书证号查找借书情况。

(3)建立交叉表查询,了解每本书被借阅的次数。

(4)利用"查找重复项查询"查找同名的书目。

(5)采用"不匹配项查询",查找从来没被借出的图书。

(6)显示被借阅次数最多的 5 本书。

第 6 章

窗　体

窗体是数据库的用户与 Access 应用程序之间的主要接口,窗体提供了简单便捷的输入、修改、查询数据的友好界面,使用界面一目了然、赏心悦目、操作方便。

【本章要点】

- 创建窗体
- 设计工具箱的使用
- 应用对象和窗体属性
- 通过 Access 窗体进行数据管理

6.1　了解窗体

对于一个使用数据库的用户来说,都希望有一个轻松输入和修改信息的友好界面。但是,对于数据库系统的设计者来说,不希望数据库的用户直接对数据库的结构和内容进行浏览和编辑,因为这样做很容易破坏或损失数据。窗体成为一个理想的解决途径。

6.1.1　窗体的作用

窗体是一个友好的用户交互界面,数据库用户可以通过窗体对表进行浏览、输入和处理数据。数据输入窗体基于表而建成,使数据库用户能够在不直接使用表的情况下增加、删除和编辑表中的记录。在窗体中任何数据的改动都会直接影响表中的数据,而表中数据的变化也会立刻在窗体中显现出来。与表同时显示所有的记录不同,在与窗体的交互中,用户每次只浏览一条记录。因此,窗体使用户将注意力集中在当前的记录上,大大降低了用户无意间移动、变更数据记录的风险。

窗体按用途主要分为数据处理窗体和命令选择窗体两种形式。

1. 数据处理窗体

数据处理窗体用来查看、输入和编辑表中的数据。数据处理窗体具有多种式样,可以在窗体中显示一条记录,也可以显示多条记录。

Access 数据处理窗体的形式包括普通窗体、分割窗体、多个项目窗体、主/子窗体、数据透视表等。

在图 6.1 中显示的是一个数据处理窗体,主要用于显示信息和输入数据。窗体上半部显示一个供应商的基本信息,窗体的下半部是一个子窗体,其中显示该供应商供应的产品情况。

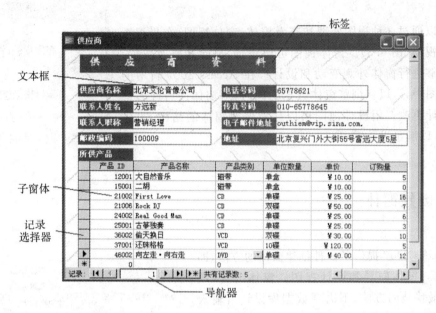

图 6.1　数据处理窗体的示例

2.命令选择型窗体

可以将窗体用作切换面板来打开数据库中的其他窗体和报表,图 6.2 是一个命令选择窗体,主要用于信息系统控制界面设计。例如,可以在窗体中设置一些命令按钮,当单击按钮时,可以调用其他功能;图 6.2 中显示了系统的主要功能,分别是处理产品信息、销售记录、供应商信息、会员信息、打印报表和关闭窗体。

图 6.2　命令选择窗体的示例

为了方便使用数据库,还可以在窗体中设计一些辅助工具,例如按钮等,使得窗体显示的信息比数据库表的显示更加直观实用。

6.1.2　与窗体有关的视图

可以通过 3 种视图处理和查看窗体:窗体视图、布局视图和设计视图(图 6.3)。窗体视图可以添加、删除和修改数据,但不能够进行窗体外观变动和设计。在 Access 2007 新增的布局视图中,可以在浏览窗体数据的同时,对窗体进行许多常见的设计更改。用设计视图可以任意修改窗体的结构、布局和外观,以满足设计需求。

图 6.3　窗体的相关视图

6.2　创建窗体

Access 2007 提供了 3 种创建窗体的方法,即窗体工具、窗体向导和设计视图。窗体工具(图 6.4)是最快捷的方法,不需要数据库设计者输入信息而自动生成窗体;窗体向导与设计者进行交互,根据设计者对选项的回应创建窗体;而设计视图是从零开始创建窗体,设计者能够完全控制窗体的外观、功能和行为。

图 6.4　"创建"选项卡的"窗体"组

通常创建窗体的做法是先使用窗体工具或向导创建窗体,然后,切换到设计视图对窗体做进一步的设计。

首先,建立并打开本章所用的数据库。

①单击"Office 按钮",然后单击"打开",在"..\数据库\第 6 章"文件夹中单击"音像店管理"。

②单击消息栏上的"选项",选择"启用此内容",单击"确定"。

6.2.1　使用窗体工具创建窗体

利用窗体工具创建的窗体将选择的表或查询中的所有字段都放置在窗体上,只需单击一次鼠标便可以创建窗体。用户可以立即使用新窗体,也可以在布局视图或设计视图中修改该窗体,以更好地满足需要。

使用窗体工具创建新窗体的步骤如下。

①在导航窗格中,单击希望在窗体上显示数据的表或查询。

②在"创建"选项卡上的"窗体"组中,单击"窗体"。

【例 6-1】 以"产品"表为数据源,创建窗体。具体操作如下:

①在导航窗格"表"对象中,单击"产品"。

②在"创建"选项卡上的"窗体"组中,单击"窗体"。

③Access 创建窗体,并以布局视图显示该窗体(图 6.5)。在布局视图中,可以在窗体显示数据的同时对窗体进行设计方面的更改。例如,可以根据需要调整文本框的大小以适合数据。

④在快速访问工具栏单击"保存",输入窗体名:产品,并单击"确认"。

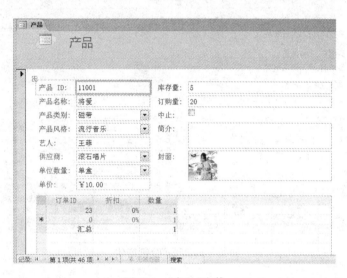

图 6.5 "产品"窗体

"产品"窗体(图 6.5)的上半部分是最为常见的窗体类型,最主要的特点是只显示一条记录,也称为纵栏式窗体或单一窗体。可以通过窗体底部的记录浏览按钮查看其他记录。

"产品"窗体的下半部分是该产品的订货数据,是一种数据表式窗体。这是由于 Access 根据"产品"表与"销售记录"表存在一对多的关系,Access 自动在"产品"窗体中添加一个反映订单数据的窗体,形成一个带子窗体的窗体。

练习 6.1

以"供应商"为数据源,使用窗体工具创建窗体。

6.2.2 创建分割窗体

分割窗体是 Access 2007 中的新功能。分割窗体是在同一个窗体中同时提供数据的两种视图:窗体视图和数据表视图(图 6.6)。这两种视图连接到同一数据源,并且保持相互同步。使用分割窗体可以在一个窗体中同时利用两种窗体类型的优势。例如,可以在数据表视图中快速定位记录,然后在窗体视图中编辑或添加记录。

【例 6-2】 以"产品"表为数据源,创建一个分割窗体。

①在导航窗格"表"对象中,单击"产品"。

②在"创建"选项卡上的"窗体"组中,单击"分割窗体"(图 6.6)。

③在快速访问工具栏单击"保存",输入窗体名:产品分割窗体,并单击"确认"。

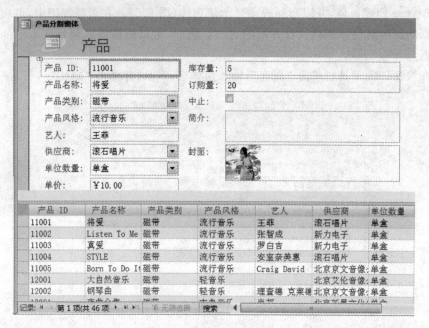

图 6.6 "产品"分割窗体

说明:对比例 6-2 创建的分割窗体与例 6-1 创建的窗体,从形式上看很近似,上半部分都是产品数据的窗体视图,下半部分是数据表视图。但实质不同。例 6-2 创建的分割窗体的上下两部分的数据来自相同的数据源,而例 6-1 创建的带有子窗体的窗体上下两部分的数据来自不同的数据源。

练习 6.2

以"供应商"为数据源,使用窗体工具创建分割窗体。

6.2.3 创建多个项目窗体

使用"多个项目"工具创建的窗体类似于数据表。数据排列成行和列的形式,可以同时查看多个记录。但是,多项目窗体提供了比数据表窗体更多的自定义选项,例如添加图形元素、按钮和其他控件的功能。

说明:在低于 Access 2007 版本中,多项目窗体被称为表格式窗体。

【例 6-3】 以"产品"表为数据源,创建一个多项目窗体。

①在导航窗格"表"对象中,单击"产品"。

②在"创建"选项卡上的"窗体"组中,单击"多个项目"(图 6.7)。

③在快速访问工具栏单击"保存",输入窗体名:产品多项目窗体,并单击"确认"。

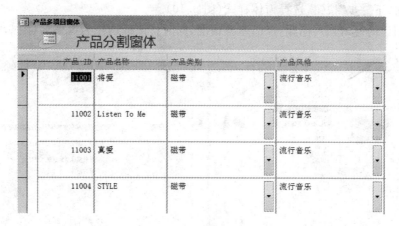

图 6.7　"产品"多项目窗体

练习 6.3

以"供应商"为数据源,使用窗体工具创建多项目窗体。

6.2.4　利用"窗体向导"创建窗体

　　窗体工具可以快速创建窗体,但它的局限性在于只能选择一个表或查询的全部字段。如果建立的窗体只需要部分字段,或者需要选择来自多个表或查询的字段可以用窗体向导创建用户定制窗体。窗体向导会提供一系列的选项供选择,创建出一个只包含所选定的字段、排序方式和格式属性的窗体。"窗体向导"是创建窗体的最简单办法之一,可以使用向导创建一个简单的数据交互式窗体。

　　【例 6-4】　以"产品"表的部分字段为数据源,创建一个"产品"窗体。操作如下:

　　①在"创建"选项卡的"窗体"组中单击"其他窗体",选择"窗体向导"。

　　②在"窗体向导"对话框(图 6.8)单击"表/查询"下拉箭头,选择"表:产品"。

　　③单击">"将选择的字段移入"选定字段"列表框中。

　　④单击"下一步"按钮,选择"纵栏表"窗体布局方式(图 6.9)。

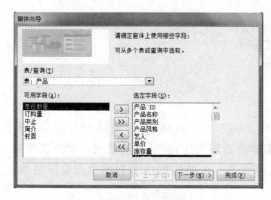

图 6.8　选定字段

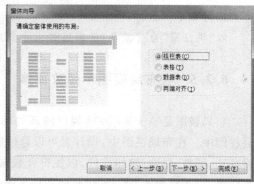

图 6.9　窗体布局

⑤单击"下一步"按钮,选择窗体样式(图 6.10)。

⑥为创建的窗体加入标题:产品基本情况,同时将该标题作为窗体名(图 6.11)。

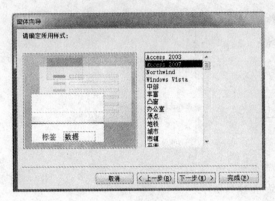
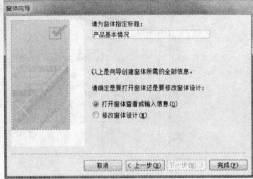

图 6.10　选定式样　　　　　　　　　　　　图 6.11　保存设计

⑦单击"完成"按钮,结果如图 6.12 所示。

这个窗体还有以待完善之处,将在以后的小节中讲解。

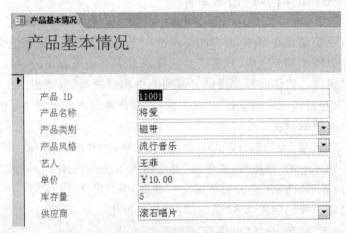

图 6.12　显示窗体

练习 6.4

以"供应商"为数据源,使用窗体向导创建窗体。

6.2.5　在布局视图中修改窗体

布局视图是 Access 2007 提供的新的功能。创建一个窗体后,该窗体会自动位于布局视图中。在布局视图中,设计者可以修改窗体的布局设计,同时浏览数据。在浏览数据时移动、调整、删除、增加控件,以便符合数据的要求。在导航窗格中右键单击窗体名称,然后单击"布局视图" ,可切换到布局视图。

【例 6-5】　在布局视图中修饰例 6-4 建立的"产品基本情况"窗体,并增加"订购量"字段。

①在"窗体布局工具‐格式"选项卡的"自动套用格式"组(图 6.13)中,单击"其他",选择一种格式,比如"凸窗"。

图 6.13　"窗体布局工具‐格式"选项卡

②在"窗体布局工具‐格式"选项卡的"控件"组(图 6.13)中,单击"添加现有字段"。从左侧的"字段列表"中,将"订购量"字段拖动到窗体适当位置。

③单击"视图",查看窗体改动效果。

④在快速访问工具栏单击"保存"。

练习 6.5

使用布局视图修饰"供应商"窗体。

6.2.6　创建数据透视表和数据透视图窗体

数据透视表是一种交互式的表,呈矩阵分布,可以进行统计计算,如求和与计数等。将字段值作为行标题和列标题,在每个行列交汇处计算出各自的数量。

【例 6-6】　以例 5-8 创建的"销售记录金额"为数据源创建数据透视表,显示产品每日的销售情况。

①在导航窗格"表"对象中,单击"销售记录金额"。

②在"创建"选项卡的"窗体"组中,单击"其他窗体",选择"数据透视表"。

③在"数据透视表工具-设计"选项卡的"隐藏/显示"组中,单击"字段列表"(图 6.14)。

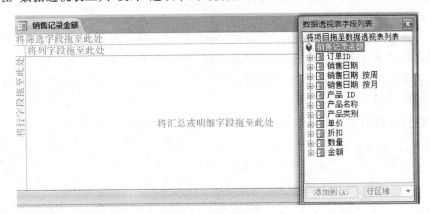

图 6.14　数据透视表视图

④将字段列表中的"产品名称"拖拽到"将行字段拖至此处"。

⑤将数据透视表字段列表中的"销售日期"拖拽到"将列字段拖至此处"。

⑥将数据透视表字段列表中的"数量"拖拽到"将汇总或明细字段拖至此处"。

⑦将数据透视表字段列表中的"产品类别"拖拽到"将筛选字段拖至此处"。

⑧在快速访问工具栏单击"保存",输入窗体名:销售透视表。

所选字段包含在数据透视表(图 6.15)中,可以从各字段的下拉列表中选择透视表显示的内容。比如,从"产品类别"下拉列表中选择"CD",将仅显示该类产品销售数量情况。

| 产品类别 ▾ | | | | | | |
| 全部 | | | | | | |

产品名称 ▾	销售日期 ▾					总计
	2003/10/1	2003/10/2	2003/10/3	2003/10/4	2003/10/5	无汇总信息
	数量 ▾	数量 ▾	数量 ▾	数量 ▾	数量 ▾	
Born To Do It			1	1		
b小调夜曲				1		
Celebrity				1		
First Love				1		
Listen To Me	1			1		
My Front Porch Looking					1	
Pretty boy		1				
Real Good Man				1		
Red Dirt Road	2			1		

图 6.15   销售透视表

数据透视图的制作与数据透视表类似,只是将表格的形式改为图表的方式,形式上更加直观。

【例 6-7】 以例 5-8 创建的"销售记录金额"为数据源创建数据透视图,显示产品每日的销售金额情况。

①在导航窗格"表"对象中,单击"销售记录金额"。

②在"创建"选项卡的"窗体"组中,单击"数据透视图"。

③在"数据透视图工具-设计"选项卡的"隐藏/显示"组中,单击"字段列表"。

④将字段列表中的"销售日期"拖拽到"将分类字段拖至此处"。

⑤将数据透视表字段列表中的"数量"拖拽到"将数据字段拖至此处"。

⑥将数据透视表字段列表中的"产品类别"拖拽到"将筛选字段拖至此处"。

⑦右击形成数据透视图,在快捷菜单上单击"更改图表类型",选择"三围柱形图"(图6.16),效果如图 6.17 所示。

⑧在快速访问工具栏单击"保存",输入窗体名:销售金额透视图。

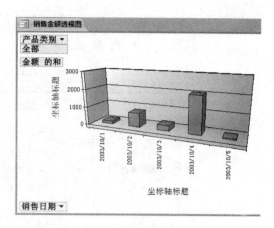

图 6.16　选定图表类型　　　　　　　　　　图 6.17　数据透视图

练习 6.6

以"销售记录金额"为数据源，采用与例 6-6 不同的字段，创建数据透视表和创建数据透视图。

6.3　窗体设计

设计视图提供了窗体结构的更详细视图。在窗体设计视图中可以创建有特色的窗体，还可以编辑已建立的窗体。在设计视图中看不到基础数据中的窗体，窗体设计视图主要功能包括。

(1)向窗体添加更多类型的控件，例如标签、文本框、按钮、图像、线条和矩形。

(2)调整窗体节(如窗体页眉或主体节)的大小。

(3)更改窗体属性等。

在导航窗格中右键单击窗体名称，然后单击"设计视图"，切换到设计视图。

6.3.1　窗体设计视图的组成

在窗体设计视图中，窗体的工作区包括窗体页眉、窗体页脚、页面页眉、页面页脚和主体(图 6.18)。

1.窗体页眉

窗体页眉位于设计窗口的最上方，常用来显示窗体的标题、提示信息或放置命令按钮，窗体内容滚动时，此区域的内容并不会跟着卷动。在窗体页眉上显示不随窗体主体上的信息而改变的内容，例如，可以在窗体页眉放置窗体的标题。

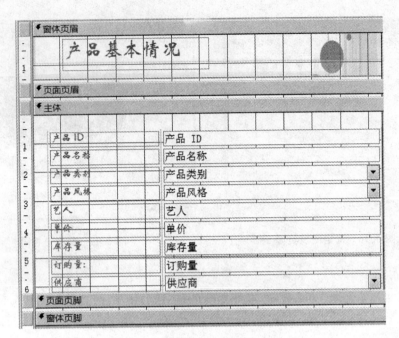

图 6.18   窗体设计视图的组成

2.窗体页脚

与窗体页眉相对应,由于窗体页脚位于窗体的最底端,因而适合用来汇总"主体"的数据性数据,例如人数合计等。也可以像窗体页眉一样,摆放命令按钮或提示信息等。

3.主体

主体是放置文本框、命令按钮等控件的区域,是设计 Access 窗体的核心部分,一般在主体中放置表的记录信息。

4.页面页眉和页面页脚

页面页眉和页面页脚的内容在窗体视图中不显示,只有打印窗体时被打印。页面页眉会打印在每一页的顶端,可用来显示每页的标题、字段名等信息。页面页脚出现在打印时每一页的底端,通常用来显示页码、日期等信息。

通常设计视图中只有"主体",可以在"窗体设计工具-排列"选项卡的"显示/隐藏"组中选择"窗体页眉/页脚"或"页面页眉/页脚"命令,打开其他节。

在窗体的工作区中还有网格和标尺,利用它们能够准确放置各种控件,还可以用鼠标拖动改变窗体和各工作区的大小。

6.3.2   控件

控件是用于显示数据和执行操作的对象,在窗体设计视图上可以设置各种对象,例如文本框、标签、命令按钮或其他控件等,使得设计的窗体具有更强的功能和更友好的界面。在"窗体设计工具-设计"选项卡的"控件"组(图 6.19)中列出众多的可用控件。控件分为绑定控件、未绑定控件和计算控件。

图 6.19 "窗体设计工具-设计"选项卡

注:在低于 Access 2007 版的 Access 中,控件放在"工具箱"中。

1. 绑定控件

数据源为表或查询中的字段的控件。使用绑定控件可以显示数据库中字段的值。这些值可以是文本、日期、数字、是/否值、图片或图形。例如,窗体中显示产品名称的文本框可能从"产品"表中的"产品名称"字段获得信息。

2. 未绑定控件

无数据源(如字段或表达式)的控件。使用未绑定控件可以显示信息、线条、矩形和图片。例如,显示窗体标题的标签就是未绑定控件。

3. 计算控件

数据源是表达式而不是字段的控件。通过定义表达式来指定要用作控件的数据源的值。例如,表达式将"单价"字段的值乘以常量值(0.9)来计算折扣率为 10% 的商品价格:=[单价] * 0.1。表达式所使用的数据可以来自窗体的表或查询中的字段,也可以来自窗体上的其他控件。

表 6.1 中列出了 Access 2007 的常用控件。

表 6.1 常用控件

图标	名称	功能
	选择对象	用来选择控件,以对其进行移动、放大缩小和编辑
	控件向导	当选中该按钮时,在创建其他控件的过程中,系统将启动控件向导工具,帮助用户快速地设计控件
Aa	标签	用来显示一些固定的文本提示信息
abl	文本框	用来输入或显示文本信息
	选项组	用来包含一组控件,例如同一组内的单选按钮只能选择一个
	切换按钮	用来显示二值数据,如是/否:类型数据,按下时值为 1,反之为 0

续表

图标	名称	功能
	选项按钮	建立一个单选按钮,在一组中只能选择一个
	复选框	建立一个复选按钮,可以从多个值中选择 1 个或多个,也可以一个不选
	组合框	建立含有列表和文本的组合框控件,从列表中选择值或直接在框中键入
	列表框	建立下拉表,只能从下拉列表中选择一个值
	按钮	可以通过单击运行宏或者 Access VBA 模块。通过命令按钮向导,可以快速创建多种任务,如关闭窗体、打开报表、查找记录或运行宏
	图像	用来向窗体中加载一张图形或图像
	未绑定对象框	用来加载非绑定的 OLE 对象,该对象不是来自表的数据
	绑定对象框	用来加载具有 OLE 功能的图像、声音等数据,且该对象与表中的数据关联
	分页符	用来定义多页窗体的分页位置
	选项卡控件	用来显示属于同一内容的不同对象的属性
	子窗体/子报表	用来加载另一个子窗体或子报表
	直线	可以在窗体上画线
	矩形	可以在窗体上画矩形
	其他控件	选择不在工具箱的控件,单击即可显示 Access 其他控件
	标题	放置标题的标签
	日期和时间	插入当前日期和时间
	插入图表	插入图表

6.3.3　使用设计视图创建窗体

在"创建"选项卡的"窗体"组中单击"设计视图",创建一个窗体。该设计视图中只有主体节,若要添加窗体页眉和窗体页脚,可在"窗体设计工具-排列"选项卡的"显示/隐藏"组中单击"窗体页眉和窗体页脚",就会出现窗体页眉和窗体页脚。

【例 6-8】　在"产品"表的基础上,利用设计视图方法创建一个简单的窗体。要求:建立窗体;选择数据源和控件,并进行控件的属性和窗体属性的设置。操作步骤如下。

①在"创建"选项卡的"窗体"组中,单击"设计视图"。

②在"窗体设计工具-设计"选项卡的"工具"组中,单击"属性表",在属性表"窗体"的"数据"标签(图 6.20)的"记录源"属性下拉列表中选择"产品"。

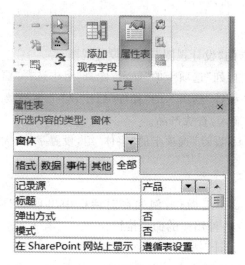

图 6.20 "属性表"窗口

③在"窗体设计工具-设计"选项卡的"工具"组中,单击"添加现有字段",从字段列表中,将"产品 ID"、"产品名称"、"单价"、"库存量"、"封面"字段拖放到设计视图主体节上。

向窗体中增加控件时,它们可能不在适当的位置或不按你所预期的排列。可以利用"窗体布局工具 – 排列" 选项卡的"控件对齐方式"组、"大小"组和"位置"组,确定文本框以及对应的标签的大小、排列和位置(图 6.21)。

④在快速访问工具栏单击"保存",输入窗体名"查找产品",保存窗体。

⑤单击"开始"选项卡的"视图",在窗体视图中查看设计效果(图 6.22)。如不尽人意,可以单击"开始"选项卡的"视图",在布局视图或设计视图中进行修改。

图 6.21 在窗体设计视图上添加字段

图 6.22 在窗体视图的效果

6.3.4 使用控件

为窗体添加所需的控件,如标签、文本框、命令按钮等,可以丰富窗体的显示效果,增强窗体的功能。通过窗体设计视图在窗体上添加各种需要的控件。

【例 6-9】 在例 6-8 设计的窗体上添加一个用作标题的标签,一个关闭窗体的按钮,一个用于查找产品的复选框。

1. 添加标签

①单击"开始"选项卡的"设计视图",打开设计视图。

②在"窗体设计工具-排列"选项卡的"显示/隐藏"组中选择"窗体页眉/页脚"。

③在"窗体设计工具-设计"选项卡的"控件"组中,单击标签 $\boxed{Aa}$ 图标,在窗体页眉上的合适位置摆放,在标签中输入:查找产品。

④利用"窗体设计工具-设计"选项卡的"字体"组,设置字体、大小、颜色和边框等。

2. 添加按钮

按钮可以完成一个或一组操作,例如在对话框中出现的"确定"、"关闭"按钮等。Access 允许在窗体上建立各种用途的命令按钮:

①在"窗体设计工具-设计"选项卡的"控件"组中,单击按钮 $\boxed{\text{xxxx}}$ 图标,在设计视图窗体页眉上拖动鼠标,确定按钮的大小。出现按钮向导对话框。

②选择按钮要实现的操作,按钮向导为每种类别提供不同操作。根据例题关闭窗体的要求,单击"类别"项中的"窗体操作",单击"操作"项中的"关闭窗体"(图 6.23),单击"下一步"按钮。

③选择在按钮上显示图片(图 6.24),单击"下一步",单击"完成"。

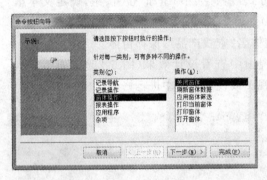
图 6.23 按钮向导:选择操作

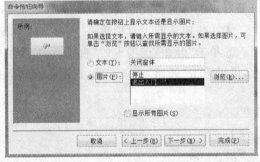
图 6.24 按钮向导:选择按钮显示方式

3. 添加组合框

使用组合框或列表框,可以让用户直接在列表中选择所需项目,这不仅可以简化操作,还可以避免人工输入出现的错误。组合框相当于文本框加列表框的组合,组合框中既可以输入内容,也可以从列表中选择。

①在"窗体设计工具-设计"选项卡的"控件"组中,单击组合框 $\boxed{\text{组}}$ 图标,在设计视图窗体页眉上拖动鼠标,确定组合框的大小。出现组合框向导对话框。

②选择"在基于组合框中选定的值而创建的窗体上查找记录"(图 6.25),单击"下一步"。

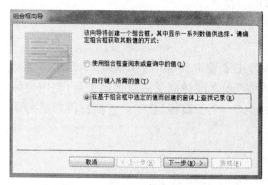

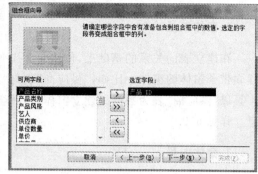

图 6.25 组合框向导:选按照查找方式　　　图 6.26 组合框向导:选择字段

③指定要显示于组合框清单中的字段"产品 ID"(图 6.26),单击"下一步"。

④单击"下一步",单击"完成",设计视图如图 6.27 所示。

⑤在快速访问工具栏单击"保存"。

⑥单击"开始"选项卡的"视图",在窗体视图中查看设计效果(图 6.28)。组合框的下拉列表中单击某个产品 ID,下面显示该产品相关信息,按"关闭"按钮,关闭该窗体。

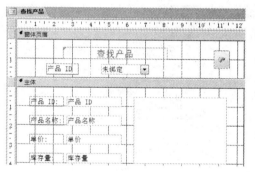

图 6.27 完成后的设计视图　　　图 6.28 完成后的窗体视图

练习 6.7

以"供应商"为数据源,用设计视图创建一个"查找供应商"窗体,在窗体页眉上,添加一个"退出"按钮;添加一个列表框,查找供应商信息。

6.4 子窗体

Access 的窗体可以包含多个表(或查询)中的数据,由于表之间一般具有"一对多"的连接关系。在窗体中显示主表的内容,在子窗体中显示相关表的内容。比如,在一个窗体中同时显示供应商的基本信息和供应商所提供的产品信息,是一个很实际的问题。

Access 2007 提供 3 种建立带有子窗体的窗体的方法。

1. 窗体工具

在建立表的关系的基础上,使用窗体工具为主表建立窗体时,Access 2007 能够自动建立带子窗体的窗体。比如,"供应商"表与"产品"表之间建立了一对多的关系,使用窗体工具以"供应商"表为数据源建立窗体时,就会形成一个子窗体,显示供应商提供产品的信息。详见 6.2.1。

2. 窗体向导

可以使用窗体向导创建基于多个表的窗体,窗体向导可以引导设计者创建更加符合用户要求的带子窗体的窗体。

3. 子窗体/子报表控件

使用工具箱中的子窗体/子报表控件▣,可以在已建成窗体上,添加子窗体。

注意:在建立子窗体前,检查表之间的正确关系是否已经建立,图 6.29 显示了"音像店管理"数据库的表之间的关系,没有合理的关系,是不可能建立相关信息的子窗体的。

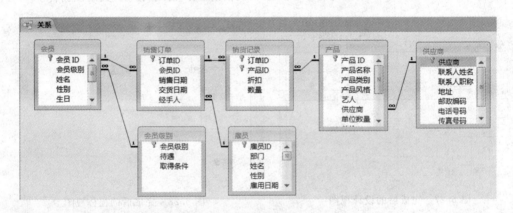

图 6.29　表关系图

6.4.1　利用向导建立子窗体

利用向导可以很方便地建立带子窗体的窗体,向导的方法是在建立窗体时一并建立子窗体。但需要注意的是要选择多个数据源,分别对应主和子窗体。

【例 6-10】 以图 6.31 为例,建立带有子窗体的窗体。操作如下:

①在"创建"选项卡"窗体"组中单击"其他窗体",选择"窗体向导"。

②在"窗体向导"对话框,单击"表/查询"下拉箭头,选择"表:供应商"。

③单击">"将"供应商"表的相关字段移入"选定的字段"列表框中。

④单击"表/查询(T)"下拉箭头,选择"表:产品"。

⑤单击">"将"产品"表的相关字段移入"选定的字段"列表框中,单击"下一步"按钮

（图 6.30）。

⑥确认选择"带有子窗体的窗体"，选择"通过供应商"，表示主窗体显示"供应商"表的内容，在子窗体中显示该供应商的产品。单击"下一步"按钮。

⑦选择子窗体布局形式，默认设置是数据表，单击"下一步"按钮。

⑧单击"凸窗"样式，单击"下一步"按钮。

⑨指定窗体名称为"供应商"，子窗体名称为"产品 子窗体"，单击"完成"按钮。

建立的"供应商"窗体（图 6.31）可以切换到布局视图或设计视图调整窗体布局。

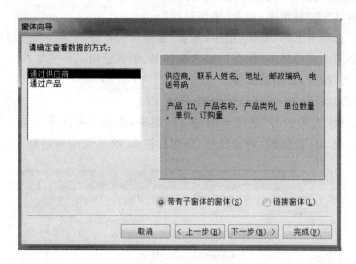

图 6.30　窗体向导

在图 6.31 中，主窗体显示供应商的信息，在子窗体中显示产品 ID、名称和单价等信息，注意观察子窗体的内容。

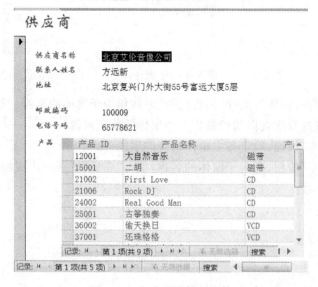

图 6.31　包含子窗体的窗体

6.4.2　利用设计视图建立子窗体

使用设计视图建立带有子窗体的窗体也十分容易，这种方法也适用于对窗体增加子窗体或修改已建立的子窗体。

【**例 6-11**】　在例 6-8 创建的"查找产品"窗体上，利用设计视图设计带子窗体的窗体，在子窗体中显示该产品的订货记录情况。操作步骤如下。

①在导航窗格"表"对象中，单击"销售记录"。

②在"创建"选项卡上的"窗体"组中，单击"窗体"。

③在快速访问工具栏单击"保存"，输入窗体名：销售记录。

④单击"关闭"按钮，关闭该窗体。

⑤打开到"查找产品"窗体的设计视图（图 6.27）。

⑥在"窗体设计工具-设计"选项卡的"控件"组中，单击子窗体▦按钮，在设计视图的主体节中用鼠标拖动一块区域，释放鼠标，出现如图 6.32 所示的对话框。

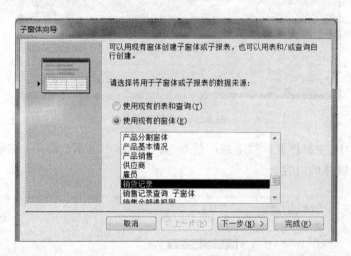

图 6.32　子窗体向导

⑦选择"使用现有窗体"，选择"销售记录"窗体作为子窗体的来源。如选择"使用现有的表或查询"，则选择表或查询的信息作为子窗体的信息来源。

⑧单击"下一步"按钮，确定与主窗体链接的字段（图 6.33）。

⑨单击"下一步"按钮，确定子窗体的名称，单击"完成"按钮。出现加入子窗体后布局视图，效果见图 6.34。

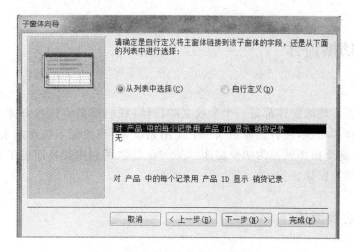

图 6.33 确定与主窗体链接的字段

　　利用设计视图建立子窗体,其要点是使用"子窗体"控件生成子窗体,利用表、查询或窗体作为子窗体的资源。窗体和子窗体的结合,使得设计更加完美、实用;不断地练习设计,会将设计水平和技巧推向一个更高层次。

查找产品

产品 ID	11002

产品 ID: 11002
产品名称: Listen To Me
单价: ￥10.00
库存量: 10

销货记录

订单ID: 1
产品ID: 11002
折扣: 0%
数量: 1

记录: ◄ 第 1 项(共 4 项) ► ►► ◄ 无筛选器 搜索

记: ◄ 第 2 项(共 46 项) ► ►► ◄ 无筛选器 搜索

图 6.34 子窗体向导

练习 6.8

　　在建立"会员"窗体,并增加会员所购买产品的信息子窗体,窗体的记录源:会员、销售记录。

6.5 设计切换窗体

上述例题所创建的窗体都是一个个独立的窗体，我们需要将这些窗体集成在一个窗体中供用户选择和切换，使各窗体组成一个应用系统，用户界面不仅看起来美观，而且方便用户的操作，这个窗体就称为切换窗体。Access 提供了利用切换面板工具或自定义窗体的方法建立切换窗体。

6.5.1 切换面板

切换面板是一个带有按钮或链接的窗体，可以通过它来浏览数据库，管理现有的窗体，使各窗体组成一个应用系统。Access 2007 提供了一个名为导航窗格的新功能。该窗格替换了原来的"数据库"窗口，用它来代替切换面板。

【例 6-12】 创建音像店信息管理系统的切换面板。

①在"数据库工具"选项卡的"数据库工具"组中，单击"切换面板管理器"，弹出切换面板管理器窗口（图 6.35）；

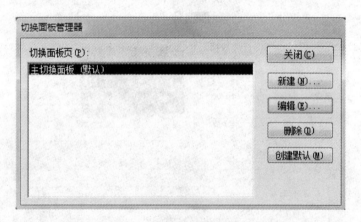

图 6.35 切换面板管理器

②单击"新建"按钮，输入"音像店信息管理"作为切换面板的名称，创建了第一级窗体，单击"确定"。

③选中切换面板管理器中的"音像店信息管理"，单击"创建默认"，使"音像店信息管理"作为默认的切换面板。

④选中切换面板管理器中的"音像店信息管理"，单击"编辑"按钮，弹出"编辑切换面板页"对话框（图 6.36）。

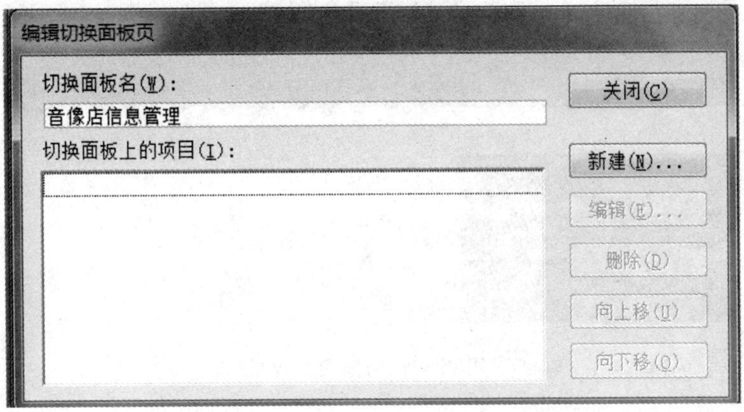

图 6.36 "编辑切换面板页"对称框

⑤单击"新建"按钮,打开"编辑切换面板项目"对话框(图 6.37),其中,"文本"是显示在窗体中的文字,可以自行修改;"命令"表示选择该项目后要执行的命令,"切换面板"表示命令执行的对象或目标。

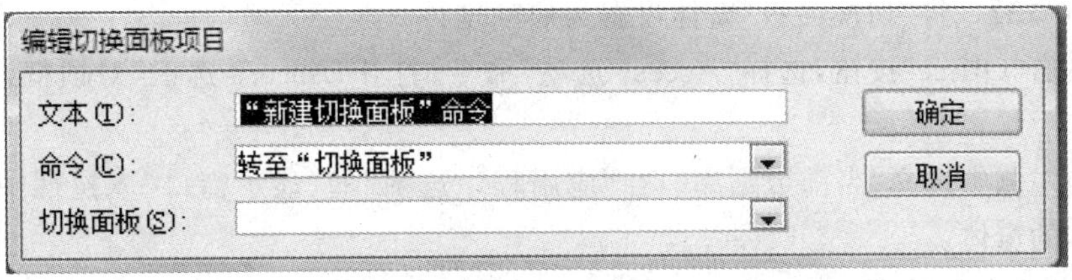

图 6.37 "编辑切换面板项目"对话框

⑥在"文本"框中输入"添加产品",在"命令"下拉列表中选择"在'添加'模式下打开窗体"方式,此时,"切换面板"换成"窗体",在"窗体"下拉列表中选择要打开的窗体名称"产品",单击"确定"(图 6.38)。

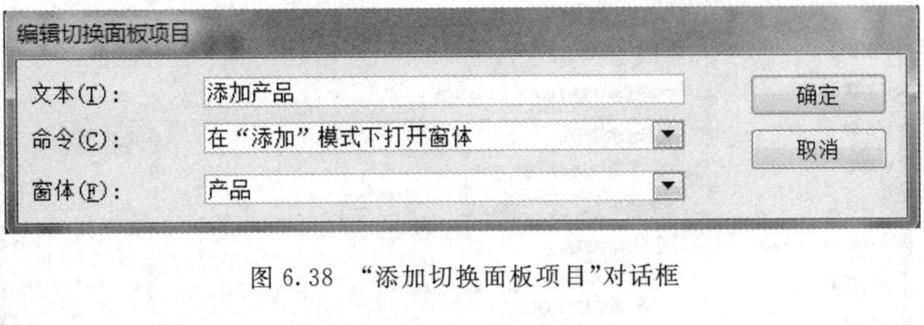

图 6.38 "添加切换面板项目"对话框

⑦重复⑤和⑥,可以继续在切换面板添加项目。

切换窗体设计完成后,系统会自动生成一个"Switchboard Items"表和"切换面板"窗体(图 6.39)。

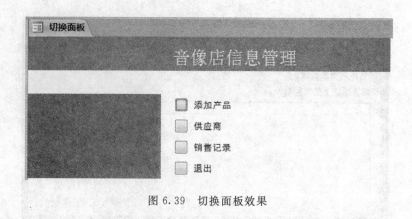

图 6.39 切换面板效果

6.5.2 设置启动窗体

完成切换窗体的设计后,只有在导航窗格双击"切换面板"才能启动它。为了在打开数据库的时候能自动打开主切换面板,就需要设置启动窗体。

【例 6-13】 将"切换面板"窗体设置为启动窗体。

①单击"Office"按钮,选择"Access 选项"命令,打开"Access 选项"对话框,如图 6.40所示。

②在左侧中选择"当前数据库",在"应用程序选项"的"显示窗口"下拉框中选择作为启动窗体的窗体。

③单击"确定"按钮。

说明:在"应用程序选项"对话框中,除了设置启动窗体,还可以设置应用程序标题和图标等(图 6.40)。

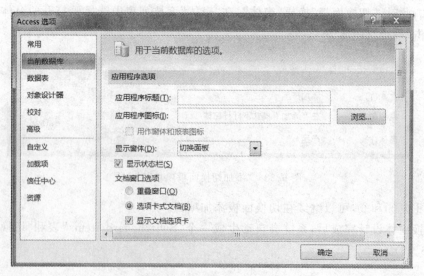

图 6.40 "Access 选项"对话框

设置启动窗体后,关闭当前数据库,然后重新打开数据库时,Access 会直接打开指定的窗口。

6.5.3 设置窗体和控件属性

通过设置窗体和控件的属性使得它们更满足个性化的需求。窗体和控件的属性虽然千差万别。但是设置窗体和控件的属性步骤近似。在"属性表"窗口上有 5 个选项卡:

(1)格式:设置与显示相关的属性,比如背景、字体、控件大小等。

(2)数据:设置数据来源、有效性规则、操作限制等。

(3)事件:设置控件的事件操作,如单击、双击等,常与宏操作相关。

(4)其他:设置控件名称等。

(5)全部:所有属性的汇总。

【例 6-14】 将"销售记录"窗体由单个窗体改为分割窗体,不允许在窗体上删除记录。

①打开"销售记录"窗体设计视图。

②单击"工具"组的"属性表",弹出"属性表"窗口。

③在"格式"选项卡的"默认视图"下拉框中选择"分割窗体"。

④在"数据"选项卡的"允许删除"下拉框中选择"否"。

⑤单击"关闭",单击"视图",查看效果,如图 6.41 所示。

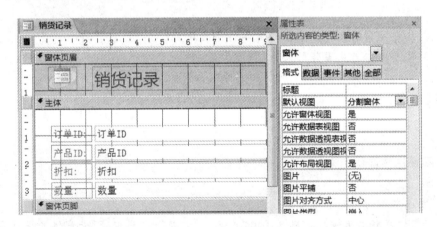

图 6.41 设置窗体属性

6.5.4 使用窗体操作数据

窗体作为与用户的交互界面,其主要作用是对数据进行操作,比如数据的查看、添加、修改、筛选、排序、查找等操作。其操作与在数据表视图中的操作相同,但是由于窗体界面友好,上述操作比在数据表视图中进行更加方便。

思考题和习题

一、选择题

1. 在窗体的视图中,(   )能够预览显示结果,并且能够对窗体中的控件进行调整。

(A)设计视图   (B)窗体视图   (C)布局视图   (D)透视表视图

2. 标签控件属于(   )。

(A)绑定控件   (B)非绑定控件   (C)计算控件   (D)都可以

3. 在窗体视图中不显示(   )。

(A)窗体页眉/页脚 (B)文本框内容   (C)页面页眉/页脚 (D)标签内容

4. 在窗体控件中,用于显示数据表中数据最常用的控件是(   )。

(A)标签控件   (B)复选框控件   (C)文本框控件   (D)按钮控件

5. 可以利用(   )方法创建带子窗体的窗体。

(A)窗体工具   (B)设计视图   (C)窗体向导   (D)都可以

二、填空题

1. 分割窗体包括窗体＿＿＿＿＿＿和＿＿＿＿＿＿类型窗体,其数据来自＿＿＿＿＿＿表或查询。

2. 文本框控件可以作为＿＿＿＿＿控件、＿＿＿＿＿控件和＿＿＿＿＿控件。

3. 窗体的视图主要有＿＿＿＿＿、＿＿＿＿＿和＿＿＿＿＿。

三、思考题

1. 对比分割窗体和带子窗体的窗体的异同处。

2. 简述子窗体与主窗体的关系。

实验

练习目的

学习窗体的设计方法。

练习内容

1. 完成本章的例题和练习。

2. 打开"罗斯文示例数据库",了解"产品"、"订单"和"供应商"等窗体的设计方法。

3. 为"图书借阅"数据库建立以下窗体。

(1)建立一个新书录入窗体。

(2)建立一个借书证发放窗体。

(3)建立一个窗体,按书号查找借书人。

(4)建立一个窗体,按借书证号查找借书情况。

(5)建立一个借书窗体。

(6)建立一个"图书借阅"数据库的主窗体,通过窗体上的按钮可以打开上述各个窗体,并且设置成自动启动方式。

第 7 章

制作报表

通过 Access 2007 所提供的报表对象,可以实现打印格式数据的功能。报表是专门为打印而设计的特殊表单,Access 将数据库中的表、查询的数据进行组合,形成报表,不但可以打印报表,并且还可以在报表中添加多级汇总、统计比较,图片和图表,使报表的应用更加广泛和深入。

建立报表和建立窗体的过程基本一样,都是输出的方法。区别之一是,窗体的方法是将结果显示在屏幕上,而报表是打印在纸上。另一个不同之处在于窗体可以与用户交互信息,而报表没有交互功能。

【本章要点】
- 利用向导设计报表
- 修改和调整报表
- 在设计视图中建立报表
- 预览和打印报表

7.1 了解 Access 的报表

报表是 Access 数据库的重要对象之一,用于打印表中或查询中的一条或一组记录。虽然可以直接将表或窗体打印出来,但是创建报表能够将打印设计得更加友好。创建报表时,可以对数据进行有效地组合和排序,对控件的格式进行编排以增强外观的观赏性,以及进行计算来分析数据。

7.1.1 基本报表样式

Access 提供了 4 种基本报表样式:表格式报表、图表报表、标签报表和纵栏式报表。

(1)表格式报表。表格式报表的格式类似于数据表的格式,以行、列的形式输出数据,因此在一页上报表的输出可以为多条记录内容(图 7.1)。

(2)图表报表。图表报表是指表中的数据以图表格式显示,如条形图或饼图,类似 Excel 中的图表,图表可直观地展示数据之间的关系(图 7.2)。

（3）标签报表。标签报表是一特殊的报表格式，对数据的输出采用类似卡片标签（图7.3）。

（4）纵栏式报表。纵栏式报表是在报表上的字段以垂直方式排列，由于会占用大量纸张，故很少采用。

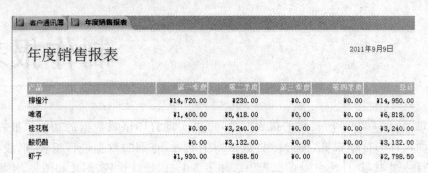

图 7.1　表格式报表示例

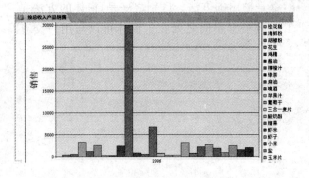

图 7.2　图表式报表示例

图 7.3　标签式报表示例

7.1.2　报表视图

与报表对象相关的视图包括：报表视图、打印预览、布局视图和设计视图。可以通过"开始"选项卡的"视图"（图7.4）在各种视图之间转换。

（1）报表视图：报表的显示视图，可以对报表上所显示的数据进行临时更改。

（2）打印预览：查看报表打印时的效果。

（3）布局视图：既可以更改报表的控件的位置，又可以查看数据。

（4）设计视图：设计和修改报表的结构，添加控件和表达式，美化报表等。

图 7.4　报表的 4 种视图

7.2 创建报表

Access 为用户提供了 3 种创建报表的方法：报表工具、报表向导和报表设计（图 7.5）。通常情况下，可以利用前两种方法建立简单报表，再利用"报表设计视图"进行修改，形成更加令人满意的报表。

首先，建立并打开本章所用的数据库。

①单击"Office 按钮"，然后单击"打开"，在"..\数据 图 7.5 "创建"选项卡中"报表"组库\第 7 章"文件夹中单击"音像店管理"。

②单击消息栏上的"选项"，选择"启用此内容"，单击"确定"。

7.2.1 使用报表工具创建报表

用报表工具创建一个简单报表是最快捷方法。首先选中一个表或查询，然后单击报表工具，便创建了一个包含被选定表或查询中所有字段的表格式报表。之后可以在布局视图中浏览或调整报表的内容和布局，或打印报表。

【例 7-1】 使用报表工具创建"会员"报表。

①从导航窗格中选择"会员"表。

②在"创建"选项卡"报表"组中，单击"报表"。

③在布局视图中显示"会员"表格式报表（图 7.6），可以调整报表布局，比如列宽。

④单击"保存"，以"会员"保存报表。

⑤单击"关闭"按钮，保存报表。

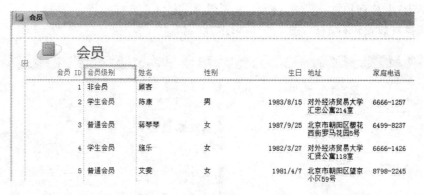

图 7.6 "会员"报表布局视图

练习 7.1

以"供应商"表为数据源，用报表工具建立一个报表。

7.2.2 使用报表向导创建报表

使用"报表向导"创建报表时,首先要选择报表的数据来源,包含的字段,定义报表的布局和样式,以及汇总要求等。

【例 7-2】 建立关于销售情况报表,要求报表包含订单和订单产品等多种信息,并计算各订单的销售金额等,数据源来自"销售订单 查询"。

使用"报表向导"创建报表的步骤如下。

①从导航窗格中选择"销售订单 查询"。

②在"创建"选项卡"报表"组中,单击"报表向导"。

③在弹出的"报表向导"窗口上(图 7.7),在"可用字段"列表框中选择全部字段,单击"下一步"。

④确定以"通过销售订单"查看数据的方式(图 7.7),单击"下一步"。

⑤不添加分组,单击"下一步"。

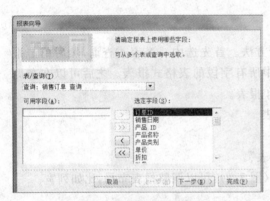
图 7.7 "报表向导"窗口

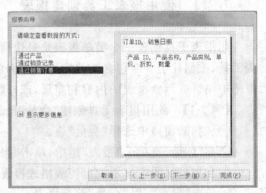
图 7.8 确定查看数据的方式

⑥单击"汇总选项"(图 7.9),弹出"汇总选项"窗口。

⑦选择对数量进行汇总(图 7.10),单击"确定"。

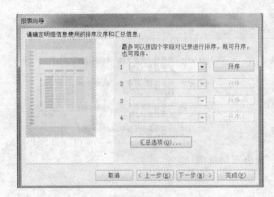
图 7.9 选择排序和汇总选项

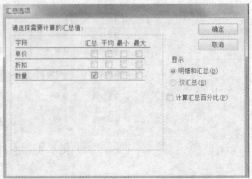
图 7.10 "汇总选项"窗口

⑧选择报表布局方式(图7.11),单击"下一步"。

⑨选择报表样式(图7.12),单击"下一步"。

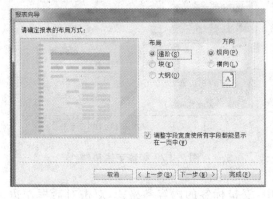 

图7.11 选择报表布局方式　　　　　　图7.12 选择报表样式

⑩指定报表标题"销售订单",单击"完成"。

在报表预览窗口浏览报表效果(图7.13)。

销售订单							
订单ID	销售日期	产品ID	产品名称	产品类别	单价	折扣	数量
1	2003/10/1						
		11002	Listen To Me	磁带	￥10.00	0%	1
		24001	Red Dirt Road	CD	￥25.00	0%	2
汇总'订单ID' = 1 (2 项明细记录)							
总计							3
2	2003/10/1						
		21001	爱在西元前	CD	￥25.00	20%	1
		11003	真爱	磁带	￥10.00	10%	1
		46003	Sleepless In Seattle	DVD	￥40.00	0%	1
		13001	夜曲全集	磁带	￥10.00	3%	2
汇总'订单ID' = 2 (4 项明细记录)							
总计							5

图7.13 "销售订单"报表打印预览视图

练习7.2

以"10 种最畅销产品查询"为数据源,用报表向导建立一个报表。

7.2.3 使用标签向导建立标签

使用标签向导可以将数据表中的信息,以标签的形式打印出来,通常用于打印地址、通知等信息。邮件标签是很多公司都必不可少的。

【例7-3】 建立会员情况标签。

①从导航窗格中选择"会员"表。

②在"创建"选项卡的"报表"组中,单击"标签"。

③在"标签向导"窗口,可以指定标准标签(图7.14),或者自己定义标签尺寸,本例指定的标签型号是"C2166",即每个标签尺寸为52mm×70mm,每页2列标签。

④在"标签向导"窗口中,指定文字的字体、字号和颜色等(图 7.15)

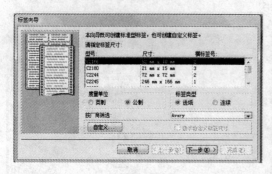 

图 7.14　指定标签尺寸　　　　　　　　图 7.15　标签字体和颜色

⑤在下一个"标签向导"窗口(图 7.16)中,安排标签的内容和格式,双击对话框左边的"可用字段"框中列出的字段,进入"原形标签"。还可以在"原形标签"框中自行输入相关文字,例如姓名、电话等。选择需要的字段,与自行输入的文本配合使用,形成标签模板。

⑥在下一个"标签向导"窗口中,指定排序字段,例如"会员 ID"字段。

⑦单击"完成"按钮,命名标签为"标签 会员",预览结果(图 7.17)。

请比较图 7.16 的标签模板与图 7.17 的标签报表效果。

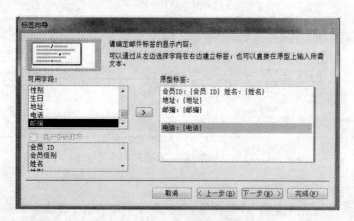

图 7.16　安排标签模板

图 7.17　标签预览结果

练习 7.3

利用产品表和产品风格表,建立一个产品的信息标签。

7.3　报表设计视图

使用"报表向导"和"报表工具"可以很方便地创建报表,但是报表的形式可能不够尽善尽美,例如显示的内容、字体格式等还需进一步改善。而且并不是所有对报表的改动都能在布局视图中完成。可以通过"报表设计视图"创建报表,对报表的内容和格式做进一步的改进。

7.3.1　认识报表设计视图

首先,我们从打开现有的报表的设计视图来认识报表设计视图。使用这种方法,需要设置者自己选择数据源(可以不需要数据源)、自行设计报表的布局、自行选择控件等,所以在进入设计前,做一个概要的设计,可以提高设计的水平和效率。

图 7.18 是"会员"报表设计视图。在"会员"报表设计视图中,报表被划分成若干部分,称为"节"。包括报表页眉、页面页眉、主体、页面页脚和报表页脚。

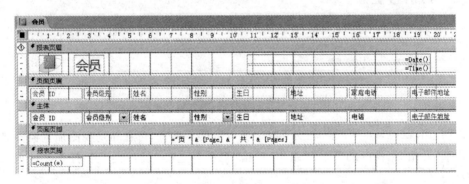

图 7.18　"会员"报表的设计视图

(1)报表页眉

报表页眉包括报表的标题等信息,处在报表第 1 页的最上方。

(2)页面页眉

页面页眉中的内容经常是表格的标题,在报表的第 1 页处在报表页眉的下面。其他页处在每页的顶部。

(3)主体

在报表"主体"节中,设计报表记录的布局。创建报表的工作主要集中在主体部分。

(4)页面页脚

页面页脚经常是放置有关页数的信息,其内容处在每页的底部。

(5)报表页脚

报表页脚通常是整个报表的汇总信息,显示的内容在报表的末尾。在设计视图中,报表页脚显示在页面页脚的下方。不过,在打印或预览报表时,在最后一页上,报表页脚出现在页面页脚的上方,紧靠最后一个组页脚或明细行之后。

如果报表中有分组统计的信息,在报表的设计视图中还会包括组页眉和组页脚。所谓分组,是指在报表中按某字段进行分组计算小计的方法。对照"会员"报表的报表视图和设计视图,体会它们之间的对应关系。

7.3.2 使用报表设计视图

首先使用"报表向导"创建报表,然后在设计视图中做进一步改进,完善报表的功能。

【例 7-4】 以"销售记录金额"查询为数据源,设计每日销售金额报表。

①在导航窗格中双击"销售记录金额"查询。

②在"创建"选项卡的"报表"组中,单击"报表向导"。

③在"报表向导"窗口上(图 7.7),选择"销售日期"、"产品 ID"、"产品名称"、"数量"和"金额"作为选定字段。按"报表向导"的提示完成报表的初步设计,如图 7.19 所示。

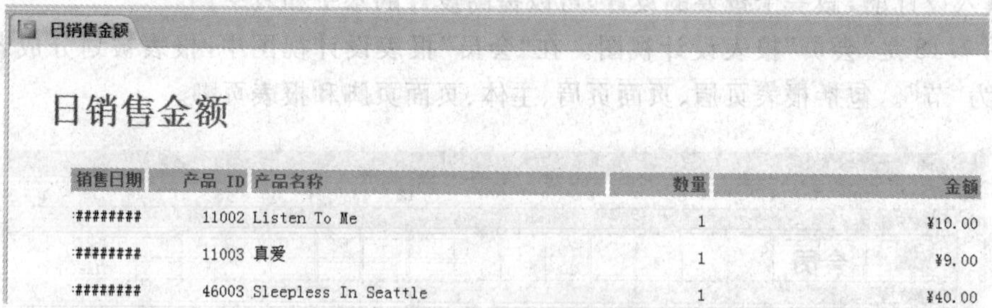

图 7.19 "日销售金额"报表预览视图

说明:出现"#####"是由于控件所占宽度不够宽,可在布局视图加宽控件宽度。

④在"开始"选项卡的"视图"组中,单击"视图",选择"设计视图",打开设计视图(图7.20)。

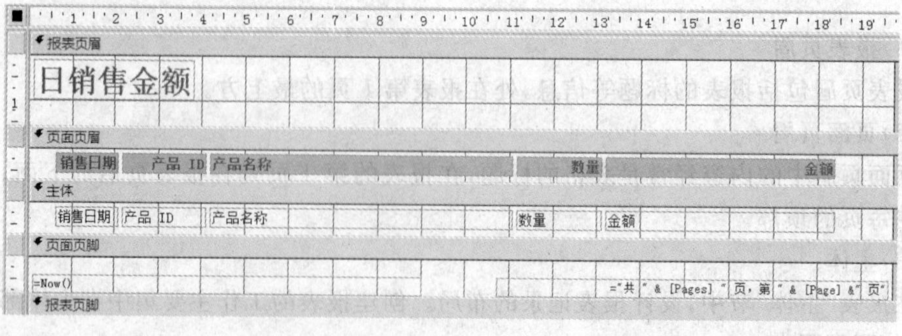

图 7.20 "日销售金额"报表设计视图

⑤在"报表设计工具-设计"选项卡的"分组和排序"组中,单击"分组和排序"。

⑥单击"添加组",在"分组形式"选择"销售日期",在"按季度"下拉框中选择"按日"

（图7.21）。

图7.21 分组设置

⑦将主体节中的"销售日期"字段拖曳到"销售日期页眉"节。

⑧单击主体节中的"金额"字段,在"报表设计工具-设计"选项卡的"分组和排序"组中,单击"合计",在设计视图上的"销售日期页脚"节和"报表页脚"形成计算控件"Sum（［金额］）"（图7.22）。

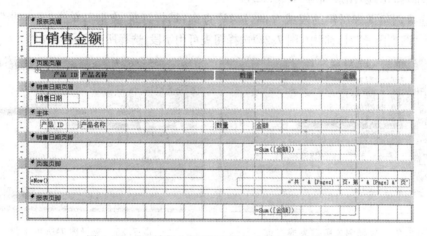

图7.22 "日销售金额"报表添加分组后的设计视图

⑨在快速访问工具栏单击"保存",以"日销售金额"为名保存报表。

⑩在"开始"选项卡的"视图"组中,单击"视图",选择"打印预览",如图7.23所示。

日销售金额			
产品 ID 产品名称		数量	金额
2003/10/1			
11002 Listen To Me		1	¥10.00
11003 真爱		1	¥9.00
46003 Sleepless In Seattle		1	¥40.00
21001 爱在西元前		1	¥20.00
24001 Red Dirt Road		2	¥50.00
13001 夜曲全集		2	¥19.40
			¥148.40

图7.23 "日销售金额"报表添加分组后的预览视图

练习7.4

以"销售记录金额"查询为数据源,设计按产品类型分组的销售报表。

7.3.3 使用"图表"控件建立图表

使用图表的形式表示数据会更直观。Access 的图表向导提供了柱形图、条形图、面积图、折线图、散点图、饼图、气泡图和环形图等 20 多种图表形式,供用户选择。与 Access 以往版本不同,Access 2007 将图表向导作为控件,用户利用图表控件可以创建出外观漂亮的各种式样的图表。

【例 7-5】 以"销售订单 查询"为数据源,创建一个各种类别产品日销售合计的汇总图表。操作步骤如下。

①在"开始"选项卡的"视图"单击"设计视图"。

②在"报表设计工具-设计"选项卡的"控件"组中,单击"图表" 。将指针定位在"主体"节上单击,出现"图表向导"(图 7.24)。

③选择创建图表所需的表或查询,选择"查询:销售订单 查询",单击"下一步"。

④在"图表向导"对话框中(图 7.25)选择图表可用字段,选择所有字段,单击"下一步"。

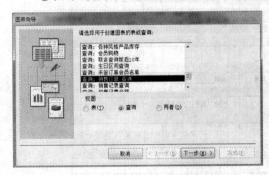
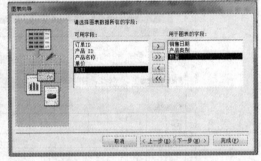

图 7.24　选择图表所需表或查询　　　　图 7.25　选择图表所需字段

⑤在下一个对话框中(图 7.26)选择图表类型,请选择三维柱形图,单击"下一步"。

⑥指定图表布局方式(图 7.27)。可以单击左上方的"预览图表"按钮,预览图表效果,单击"下一步"。

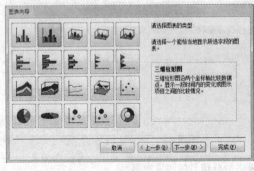
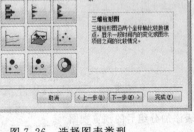

图 7.26　选择图表类型　　　　　　　　图 7.27　选择图表布局

⑦在最后一个对话框中输入图表的标题,单击"完成"。

⑧在快速访问工具栏单击"保存",以"各类产品日销售图"为名保存报表。

⑨通常显示的图表不尽如人意,在"开始"选项卡的"视图"单击"布局视图",经过修改,可以得到满意的图表(图 7.28)。

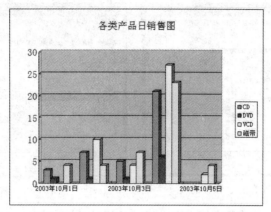

图 7.28　"各类产品日销售图"的图表效果

练习 7.5

利用"产品"表,建立一个按供应商汇总的产品销售量和库存量的柱型图表。

7.3.4　子报表

在数据库中,数据源(表等)之间具有某种相关性,所以,我们可以建立多个报表的组合,形成一种新形式的报表,即主报表和子报表的结合。子报表是指包含在另一个报表中的报表。主报表和子报表的关系可以是结合型的或非结合型的。

结合型的报表是由于它的数据源来自两个以上的表,而这些表之间存在一对多的关系,主报表的数据来自关系处在"一"方的表,而子报表的数据来自关系处在"多"方的表。例如,在"音像店管理"数据库中,"会员"表和"订单"表的关系为一对多的关系,说明一位会员可以下多个订单,那么由"会员"表和"订单表"的数据源生成的报表将是一个结合型的报表。

非结合型的报表中的报表可以相互独立,只是根据需要把两个报表放在一起。

【例 7-6】　在例 7-1 建立的"会员"报表的基础上添加子报表,主报表为会员数据,子报表为会员的订单数据。操作如下:

①为了保留现有的"会员"报表,复制"会员"报表,名为"会员副本"报表。

②在导航窗格中双击"会员副本"报表。

③在"开始"选项卡的"视图"组中,单击"视图",并选择"设计视图",打开报表设计视图(7.18)。

④用鼠标将"页面页脚"栏向下拖,拓宽主体节。

⑤在"报表设计工具-设计"选项卡的"控件"组中,单击"子窗体/子报表",在"主体"节上的合适位置拖放,出现"图表向导"(图 7.29)。

⑥选择"使用现有的表和查询",单击"下一步"。

⑦从"销售订单"表选择"订单 ID"、"销售日期"字段,从"销售记录"表选择"产品 ID"、"数量"字段,从"产品"表选择"产品名称"字段(图 7.30)。

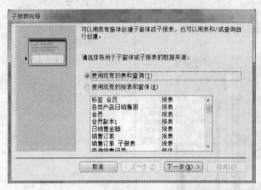 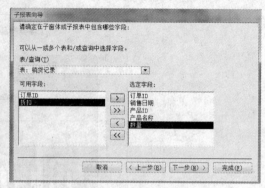

图 7.29   选择现有的表和查询   图 7.30   选择相关字段

⑧选择主报表与子报表的链接字段,通常选取默认的链接字段,单击"下一步"(图 7.31)。

⑨确定子报表名称"销售订单子报表",单击"完成",出现该报表的设计视图(图 7.32),注意子报表的位置。

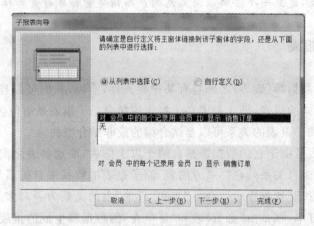

图 7.31   选择链接字段

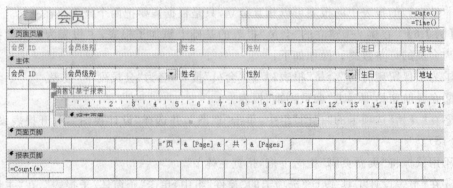

图 7.32   该表设计视图

⑩在"布局视图"(图 7.33)中调整字段宽度,以满足打印页宽度的要求,在"打印预览"视图查看报表实际效果。

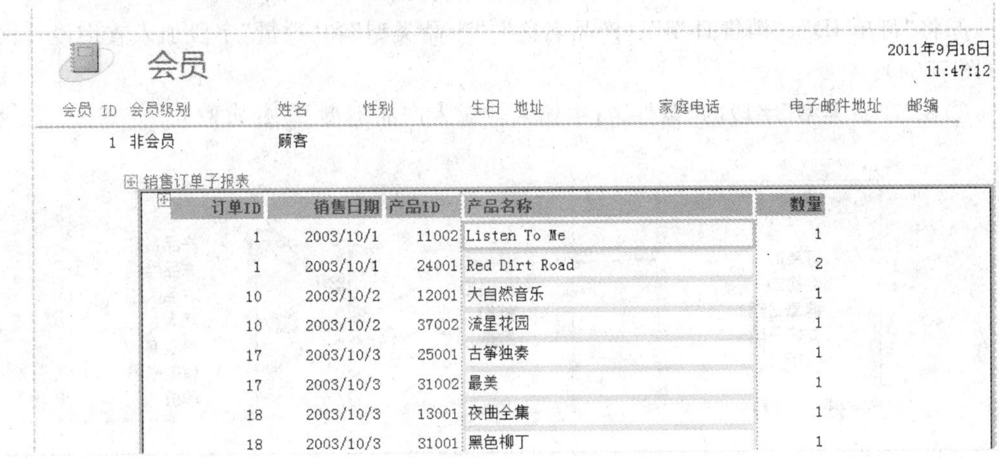

图 7.33 该表布局视图

【例 7-7】 将"各类产品日销售图"作为子报表放到"日销售金额"报表。

①在导航窗格中双击"日销售金额"报表。

②在"开始"选项卡的"视图"组中,单击"视图",并选择"设计视图",打开报表设计视图。

③在"报表设计工具-设计"选项卡的"控件"组中,单击"子窗体/子报表",在"报表页脚"节上的合适位置拖放,出现"图表向导"。

④选择"使用现有的报表和窗体",选择"各类产品日销售图",单击"下一步"。

⑤指定子报表的名称仍为"各类产品日销售图",单击"完成"。

⑥在"布局视图"中调整字段宽度,以满足打印页宽度的要求。

⑦在"打印预览"视图查看报表实际效果,可以看到在报表结尾加入"各类产品日销售图"。

练习 7.6

建立一个主报表是供应商,比如供应商名称、电话等;子报表对应的是供应商的产品的报表。

7.3.5 建立参数报表

我们还记得参数查询的例子,参数查询通过用户输入参数完成查询,使得查询具备交互功能。报表同样可以设计成参数报表,使得报表也具备一定的交互功能。

【例 7-8】 设计一个参数报表,以产品类型为参数,形成各种类型产品销售报表。

①在"开始"选项卡的"视图"组中,单击"视图",并选择"设计视图",打开报表设计视图。

②在"报表设计工具-设计"选项卡的"工具"组中,单击"属性表"。

③在"属性表"的"数据"选项卡中,单击"记录源"行右侧的省略号按钮,打开"查询设计器"。

④从"显示表"对话框中选择"销售订单"、"销售记录"和"产品"表。

⑤将"订单 ID"、"销售日期"、"产品名称"、"产品类型"和"数量"字段加入查询设计网格(图 7.34)。

⑥在"产品类型"字段的"条件"行中输入:[输入产品类型](图 7.34)。

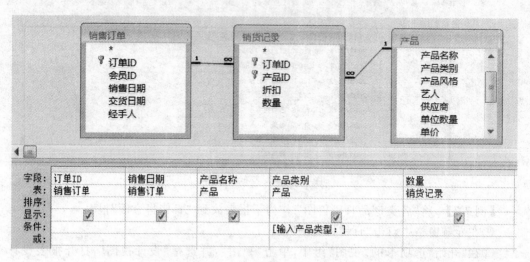

图 7.34 查询设计器

⑦单击"关闭"组的"另存为"按钮,将该查询保存为"产品类型报表参数查询"(图 7.35)。

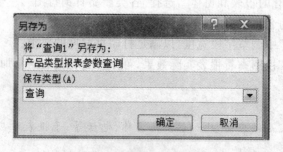

图 7.35 查询"另存为"对话框

⑧完成数据源的设置后,关闭"属性表"和"查询设计器"。

⑨单击"工具"组中的"添加现有字段"按钮,弹出"字段列表"窗格(图 7.36)。拖动"产品类型"字段到"页面页眉",将"产品 ID"、"销售日期"、"产品名称"和"数量"字段加入到"主体"(图 7.36)。

⑩单击"保存",以"产品类型参数报表"为名保存报表。

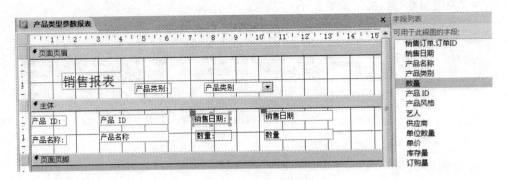

图 7.36　报表设计视图

切换到"报表视图",弹出"输入参数值"对话框,输入:VCD(图 7.37),单击"确定",返回参数报表结果(图 7.38)。

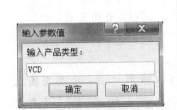

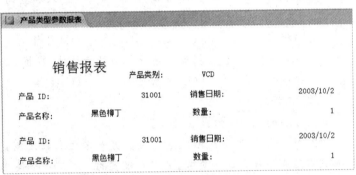

图 7.37　"输入参数值"对话框　　　　　图 7.38　参数报表结果

7.4　报表的预览和打印

在打印前有必要进行打印预览,报表越大这项工作越重要。用预览和打印报表的操作步骤如下。

①打开要打印的报表。

②单击"Office 按钮",在"打印"的弹出菜单中选择"打印预览",或在"开始"选项卡的"视图"单击中"打印预览"。显示预览的报表。

- "打印预览"功能卡中包含了有关修改打印布局等按钮(图 7.39)。
- "打印"组:弹出"打印"对话框,并打印。
- "页面布局"组:设置纸张、打印方向、页边距等。
- "显示比例"组:改变预览报表显示的大小,按单页、双页或其他页面方式显示。
- "数据"组:将报表导出为其他类型的文档。

● "关闭预览"组:关闭预览。

图 7.39 "打印预览"功能卡

思考题和习题

一、选择题

1. Access 报表的数据源可以来自(　　　)。

(A)表　　　　　(B)查询　　　　　(C)表和查询　　　(D)报表

2. 在报表的设计视图中,还可以包含(　　　)。

(A)标签　　　　(B)文本　　　　　(C)图形　　　　　(D)都可以

3. 如果"产品销售"报表结尾处添加数量总计,应将 Sum 函数放在(　　　)。

(A)报表页脚　　(B)页面页脚　　　(C)主体　　　　　(D)页面页眉

二、选择题

1. Access 2007 的报表的数据源于_____和_____。

2. 如果在报表中用图表方式显示男女学生人数比例,可以采用_____类型图表,如果在报表中加页数和页号,可以在报表的_____节使用_____和_____函数。

3. Access 2007 的报表由_____、_____、_____、_____和_____等部分组成。

三、思考题

1. 简述 Access 报表的类型和设计方法。

2. 简述报表由哪几部分组成的? 每部分的作用是什么?

3. 说明查询和报表的异同处。

4. 简述报表的数据源,报表能否设置参数?

实验

练习目的

　　学习报表的使用方法。

练习内容

1. 完成本章的实习内容。

2. 打开"我的罗斯文示例数据库",了解"发货单"、"各类产品"、"各类销售额"等报表是如何设计的。

3. 以"音像店管理"数据库建立以下报表。

(1)每种风格的产品的销售情况表。

(2)使用"标签向导",建立产品的标签。

(3)利用习题查询一章建立的查询,建立产品库存量的统计报表。

(4)建立报表,反映每位会员的购买情况。

(5)建立图表,利用饼图方式,表示供应商产品的份额。

第 8 章

宏

Access 中的宏是指一个或多个操作命令的集合,其中每个操作实现特定的功能。在数据库打开后,宏可以自动完成一系列操作。

使用宏非常方便,不需要记住各种语法,也不需要编程,只需利用几个简单宏操作就可以对数据库完成一系列的操作,实现的中间过程完全是自动的。

【本章要点】
- 宏的作用和功能
- 建立和编辑宏
- 运行宏
- 运行宏的附加条件
- 在窗体中使用宏的方法

8.1 宏的基本概念

8.1.1 什么是宏

把那些能自动执行某种操作或操作的集合称为"宏"。宏是一个或多个宏操作的集合,其中每个宏操作都执行特定的功能,Access 提供了 50 多个宏操作,又称为宏命令。

作为一种简化了的编程方法,无需在 Visual Basic for Applications(VBA)模块中编写代码,宏可以自动帮助用户完成一些任务。

8.1.2 宏的作用

宏是一种操作命令,它如同菜单操作命令一样,但是,宏有特殊性,它对数据库操作的时间不同,作用时的条件也有所不同。菜单命令一般用在数据库的设计过程中,宏命令却被使用在数据库的执行过程中;宏的操作过程隐藏在后台自动执行,而菜单命令必须由使用者来实施,在前台操作。

例如,使用 OpenForm 宏命令可以打开数据库对象窗体,OpenQuery 宏命令打开查询对象。使用这些宏命令构成宏,Access 系统的操作是在后台自动完成的。

宏的主要应用如下:

(1)在数据库的任何视图中打开和关闭表、查询、窗体和报表。

(2)运行选择查询和动作查询。

(3)为窗体的控件赋值。

(4)运行菜单命令。

(5)控制 Access 窗口。

(6)发出警告信息。

(7)为数据库对象制作副本、改名,导出对象。

(8)保存和删除数据库对象。

8.1.3　运行宏的方法

宏的运行分为直接运行、在事件中嵌入和自动运行等 3 种方式。

1. 直接运行宏

通常情况下,直接执行宏只是进行测试。在确保宏的设计无误后,可将宏附加到窗体、报表或控件中,以对事件做出响应;也可创建一个执行宏的自定义菜单命令,以执行在另一个宏或 VBA 程序中的宏。直接执行宏的几种方式如下:

(1)在导航窗格中找到要运行的宏,双击宏名。

(2)在宏设计视图中,单击"设计"选项卡的"工具"组中的"运行"。

2. 在事件中嵌入宏

另一种方法嵌入宏,以响应窗体、报表或控件中某个事件。例如,单击一个命令按钮、打开指定窗体,就是触发一个宏。这种方法的要点是:设计一个窗体命令控件,把设计好的宏与命令按钮的单击事件连接起来。

3. 自动执行宏

Access 数据库被打开时,系统会自动查找数据库内有没有名为 Autoexec 的宏,若有则执行该宏。

8.1.4　触发宏的事件

Access 的宏是通过窗体或控件的相关事件调用的,能够实现有关窗体、报表、查询的功能,使用起来非常方便。运行宏的前提是有触发宏的事件发生。

1. 鼠标操作

(1)Click(单击)

事件发生在对控件单击鼠标时。对窗体来说,一定是单击纪录选定器、节或控件之外的区域时,才能发生该事件。

(2)DblClick(双击)

事件发生在对控件双击时。对窗体来说,一定是双击空白区域或窗体上的纪录选定器时,才能发生该事件。

(3)MouseDown(鼠标按下)

事件发生在当鼠标指针在窗体或控件上,按下鼠标时。

(4)MouseMove(鼠标移动)

当鼠标指针在窗体、窗体选择内容或控件上移动时事件发生。

(5)MouseUp(鼠标释放)

当鼠标指针在窗体或控件上,释放按下的鼠标时发生事件。

2. 焦点处理

(1)Activate(激活)

当窗体或报表等成为当前窗口时,事件发生。

(2)Deactivate(停用)

事件发生在其他 Access 窗口变成当前窗口时。例外是当焦点移动到另一个应用程序窗口、对话框或弹出窗体时。

(3)Enter(进入)

事件发生在控件接收焦点之前,事件在 GetFocus 之前发生。

(4)Exit(退出)

事件发生在焦点从一个控件移动到另一个控件之前,事件在 LostFocus 之前发生。

(5)GotFocus(获得焦点)

当窗体或控件接收焦点时,事件发生。

(6)LostFocus(失去焦点)

在窗体或控件失去焦点时,事件发生。

3. 键盘输入

(1)KeyDown(键按下)

事件发生在控件或窗体具有焦点、并在键盘按任何键时。但是对窗体来说,一定是窗体没有控件或所有控件都失去焦点时,才能接受该事件。

(2)KeyPress(击键)

事件发生在控件或窗体有焦点、当按下并释放一个产生标准 ANSI 字符的键或组合时。但是对窗体来说,一定是窗体没有控件或所有控件都失去焦点时,才能接受该事件。

（3）KeyUp（键释放）

事件发生在控件或窗体有焦点、释放一个按下的键时。但是对窗体来说，一定是窗体没有控件或所有控件都失去焦点时，才能获得焦点。

4. 数据处理事件

（1）AfterDelConfirm（确认删除后）

事件发生在确认删除并且表纪录已经被删除，或者在取消删除之后。

（2）AfterInsert（插入后）

事件发生在是数据库中插入一条新纪录之后。

（3）AfterUpdate（更新后）

事件发生在控件和纪录的数据被更新之后。

（4）BeforeDelConfirm（确认删除前）

事件发生在删除一条或多条纪录后，但是在确认删除之前。

（5）BeforeInsert（插入前）

事件发生在开始向新纪录中写第一个字符，但纪录还没有添加到数据库时。

（6）BeforeUpdate（更新前）

事件发生在控件和纪录的数据被更新之前。

（7）Change（更改）

事件发生在文本框或组合框的文本部分内容更改时。

（8）Current（成为当前）

当把焦点移动到一个纪录，成为当前纪录时，事件发生了。

（9）Delete（删除）

事件发生在删除一条纪录时，但在确认之前。

（10）OnDirty（有脏数据时）

事件一般发生在窗体内容或组合框部分的内容改变时。

（11）NotInList（不在列表时）

当输入一个不在组合框列表中的值时，事件发生。

本节列出经常使用的事件。在后面的小节中，将讨论如何使用事件来触发宏。

8.2　宏的设计

Access 中宏的设计在宏生成器中完成。设计宏时，从宏设计器的操作栏的下拉列表中选择每一个操作，然后填写每个操作所必需的信息。

首先，建立并打开本章所用的数据库。

①单击"Office 按钮"，然后单击"打开"，在".. \数据库\第 8 章"文件夹中单击"音像店管理"。

②单击消息栏上的"选项",选择"启用此内容",单击"确定"。

8.2.1　创建宏

在"创建"选项卡的"其他"组中,单击"宏",打开宏设计窗口(图 8.1)。

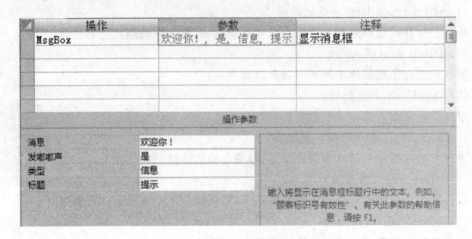

图 8.1　宏的设计窗口

说明:

(1)操作列。该列提供用户选择各种操作,可以通过单击右侧下拉列表按钮 ▼ ,从弹出的下拉选项中选择单击操作命令。

(2)参数列。显示操作列所选择的操作的必要参数,设置参数是在下面的"操作参数"栏中完成。

(3)备注列。给出对操作命令的说明,对宏的执行没有影响。

(4)条件列。条件指定在执行操作之前必须满足的某些标准,在条件列出。若要在宏设计器中显示"条件"列,在"宏工具-设计"选项卡的"显示/隐藏"组中单击"条件" 。

(5)宏名列。如果宏对象仅仅包含一个宏,则不需要宏名列。用于宏组,宏名列为宏组的每个宏指定一个唯一的名称。若要在宏设计器中显示"宏名"列,单击"宏工具-设计"选项卡的"显示/隐藏"组中的"宏名" 。

在设计宏时,"宏工具-设计"选项卡(图 8.2)的常用按钮见表 8.1。

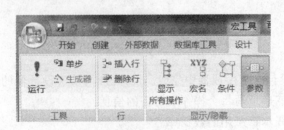

图 8.2　"宏工具-设计"组

表 8.1　宏设计常用按钮

图标	名称	功能说明
	宏名	显示/隐藏宏设计窗口中的"宏名"栏
	条件	显示/隐藏宏设计窗口中的"条件"栏
	参数	显示/隐藏宏设计窗口中的"参数"栏
	插入行	在当前光标位置插入一个新的宏命令
	删除行	删除光标所在位置的宏命令
	运行	运行宏
	单步	一次运行一个宏命令

【例 8-1】　建立如图 8.1 所示的"欢迎"宏。

①在"创建"选项卡的"其他"组中,单击"宏"。打开宏设计窗口。

②在宏编辑窗口中的单击第 1 行"操作"列右侧下拉按钮,选择操作 MegBox(打开消息框)(图 8.3)。

③在宏编辑窗口下方操作参数中的"消息"栏输入"欢迎你!"。

④单击第 1 行"操作"列右侧下拉按钮,选择操作 OpenForm(打开窗体)。

⑤单击宏编辑窗口下方操作参数中的"窗体名称"栏右侧下拉按钮,选择"切换面板"窗体。

⑥单击"保存"按钮,命名宏为"欢迎"。

⑦单击"宏工具-设计"的"工具"组的运行按钮,执行宏。

运行宏时,首先弹出消息框(图 8.4),单击"确认"按钮,打开"切换面板"窗体。

图 8.3　宏命令列表　　　　　　　　　图 8.4　消息框

MsgBox(消息框)的相关参数的说明,参见图 8.1 和图 8.4。

(1)消息。其内容将会出现在消息框中的提示,可以自行输入要提示的内容。

(2)发出嘟嘟声。设置在打开消息框时是否发出声音。

(3)类型。设置在消息框中的图标类型,如果将类型设置成"信息",则在消息框中会出现"!"图标。

(4)标题。其内容是消息框的标题,可以自行输入标题。

8.2.2 常用的宏操作

为了方便学习和使用,下面介绍一些常用的宏操作,参见表 8.2。

表 8.2 常用宏操作

宏操作	说 明
Beep	通过计算机的扬声器发出嘟嘟声
Close	关闭指定的 Microsoft Access 窗口。如没有指定窗口,则关闭活动窗口
GoToControl	把焦点移到打开的窗体、窗体数据表、表数据表、查询数据表中当前记录的特定字段或控件上
Maximize	放大活动窗口,使其充满 Microsoft Access 窗口。该操作可以使用户尽可能多地看到活动窗口中的对象
Minimize	将活动窗口缩小为 Microsoft Access 窗口底部的小标题栏
MsgBox	显示包含警告信息或其他信息的消息框
OpenForm	打开一个窗体,并通过选择窗体的数据输入与窗口方式,来限制窗体所显示的记录
OpenReport	在设计视图或打印预览中打开报表或立即打印报表,也可以限制需要在报表中打印的记录
OpenQuery	打开一个查询
PrintOut	打印打开数据库中的活动对象,也可以打印数据表、报表、窗体和模块
Quit	退出 Microsoft Access。Quit 操作还可以指定在退出 Access 之前是否保存数据库对象
RepaintObject	完成指定数据库对象的屏幕更新。如果没有指定数据库对象,则对活动数据库对象进行更新。更新包括对象的所有控件的所有重新计算
Restore	将处于最大化或最小化的窗口恢复为原来的大小
RunMacro	运行宏。该宏可以在宏组中
SetValue	对 Microsoft Access 窗体、窗体数据表或报表上的字段、控件或属性的值进行设置
StopMacro	停止当前正在运行的宏

在建立宏的过程中,可以根据实际需要,选择合适的宏。

8.2.3 示例

一般情况下,通过触发窗体上控件的某个事件而运行宏,所以宏设计通常有 3 步:

第 1 步:编写宏,在宏设计窗口编写宏。

第 2 步:窗体设计,窗体放置控件。

第 3 步：在控件对象的属性窗口设置触发宏的事件。

其中，第 1 步和第 2 步可以次序颠倒。

【例 8-2】　建立"密码检查"宏，宏的基本功能是：检查从窗体中输入的密码的正确与否，如果正确，打开"切换面板"，否则，弹出消息框，提示密码错误。假定密码是 PWUIBE。

要完成密码检验的工作，需要创建一个能够输入密码的窗体和检验密码正确与否的宏，以及反馈密码正确与否的消息框。操作步骤如下。

①在"创建"选项卡的"其他"组中，单击"宏"。打开宏设计窗口。

②在"宏工具-设计"选项卡的"显示/隐藏"组中单击"条件" 。

③在"条件"列第一行写入条件：[输入密码].[Value]="PWUIBE"。

说明：

- 条件的含义：在窗体[输入密码]文本框输入的口令等于 PWUIBE。
- 字母的书写要注意大小写和全角和半角的区别。
- [输入密码]是检查口令的窗体中文本框名称。
- 如果是字符型的文本[Value]可以省略。

④在该条件的同行中，单击"操作"列，单击显示的下拉列表按钮选择 Close（关闭当前窗口）（图 8.5）。

⑤在"条件"列第二行输入"…"，表示该条件与上一行相同。

⑥在同行"操作"列右侧下拉按钮，选择操作 OpenForm（打开窗体）。

⑦单击宏编辑窗口下方操作参数中的"窗体名称"栏右侧下拉按钮，选择"切换面板"窗体。

⑧按照图 8.5 完成其他行的输入。

⑨单击"保存"按钮，命名宏为"密码检查"。

⑩单击"关闭"按钮，关闭宏。

图 8.5　宏的举例

本例各操作命令的含义见宏编辑窗口的注释列。所建立的宏与窗体的操作有关，到现在还不能独立运行宏。

【例 8-3】　建立一个窗体，通过文本框输入口令，按钮触发"密码检查"宏。

①在"创建"选项卡的"窗体"组中，单击"设计视图"。

②在"窗体设计工具-设计"选项卡的"控件"组中,单击"文本框"控件,将一个文本框加入窗体设计视图。

③在"窗体设计工具-设计"选项卡的"工具"组中,单击"属性表",在"全部"选项卡的"名称"中,输入文本框名称为"输入口令"。

④在"窗体设计工具-设计"选项卡的"控件"组中,单击"按钮"控件,将一个按钮加入窗体设计视图。

⑤在"命令按钮向导"窗口中,"类别"选择"杂项","操作"选择"运行宏"(图 8.6),单击"下一步"。

⑥选择"密码检查"宏(图 8.7),单击"下一步"。

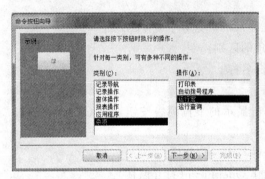 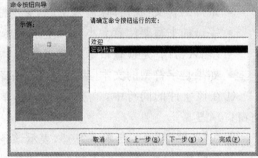

图 8.6 选择宏操作   图 8.7 选择宏

⑦选择按钮以文本方式显示"确定",输入按钮标题,单击"下一步"(图 8.8)。

⑧在快速访问工具栏单击"保存",输入窗体名"输入口令",保存窗体。

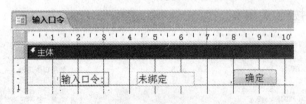

图 8.8 "输入口令"窗体的设计视图

现将窗体切换到窗体视图,输入正确口令,就会打开"切换面板",而输入一个错误密码,单击"确定"按钮,会出现图 8.9 所示的消息框。

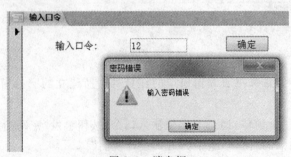

图 8.9 消息框

练习 8.1

(1)建立名称为"打开查找产品窗体"的宏,要求打开"查找产品"窗体。建立一个窗体,运行"打开产品查找窗体"宏。

(2)建立名称为"登录"的宏,要求判断用户名和口令是否正确。建立一个能够输入用户名和口令的窗体,运行"登录"宏。

8.3 宏 组

宏组将相关的宏放在一起,形成宏组。这个集合只作为单个宏对象的形式显示在导航窗格中,但一个宏组实际上包含多个宏,在宏名列为宏组的每个宏指定一个唯一的名称。宏组用来执行多个操作,可以减少宏对象的数量,有利于对宏的管理。

8.3.1 创建宏组

创建宏组与创建宏的方法基本相同,只是在宏设计器中加入"宏名"列。通过"宏名"列中的名称标识了每个宏。

【例 8-4】 设计如图 8.10 所示的窗体,并利用宏组命令打开或关闭指定的数据表、窗体和报表。

图 8.10 所示的窗体有 3 个命令按钮,可以为每个按钮编写一个宏,或者利用宏组,将这些宏放到一个宏组中。该窗体包含 1 个标签、1 个选项组、3 个单选按钮和 3 个命令按钮。标签用作标题;选项组名称命名为"frame1",并在其中添加 3 个单选按钮,选项值分别是 1、2、3,分别用来打开"产品"表、"产品销售"窗体和"销售订单"报表。

图 8.10 例 8-4 的窗体

建立宏组操作步骤如下。

①在"创建"选项卡的"其他"组中,单击"宏"。打开宏设计窗口。

②在"宏工具-设计"选项卡的"显示/隐藏"组中单击"条件" ,单击"宏名" 。

③编写宏组,包含名称为"打开"、"关闭"和"退出"3 个宏。宏组所包含的宏命令见图 8.11,相关的参数设置见表 8.3。

④单击"保存"按钮,命名宏为"宏组示例"。

⑤单击"关闭"按钮,关闭宏。

在"打开"宏和"关闭"宏中添加条件:[frame1]=1、[frame1]=2、[frame1]=3,见图 8.11。

宏名	条件	操作	参数	注释
打开	[frame1]=1	OpenTable	产品,数据表,只读	打开"产品"表
	[frame1]=2	OpenForm	产品销售,窗体,,,编辑,普	打开"产品销售"窗体
	[frame1]=3	OpenReport	销售订单,报表,,,,普通	打开"销售订单"报表
关闭	[frame1]=1	Close	表,产品,提示	关闭"产品"表
	[frame1]=2	Close	窗体,产品销售,提示	关闭"产品销售"窗体
	[frame1]=3	Close	报表,销售订单,提示	关闭"销售订单"报表
退出		Close	,,提示	退出

操作参数

表名称	产品
视图	数据表
数据模式	只读

图 8.11　建立宏组

表 8.3　宏操作参数

操作	参 数 设 置			注 释
OpenTable	表名称:产品	视图:数据表	数据模式:只读	打开"产品"表
OpenForm	窗体名称:产品销售	视图:窗体	数据模式:编辑	打开"产品销售"窗体
OpenTable	报表名称:销售订单	视图:报表	数据模式:普通	打开"销售订单"报表
Close	对象类型:表	对象名称:产品	保存:否	关闭"产品"表
Close	对象类型:窗体	对象名称:产品销售	保存:提示	关闭"产品销售"窗体
Close	对象类型:报表	对象名称:销售订单	保存:否	关闭"销售订单"报表
Close	对象类型:窗体	当前窗体		

8.3.2　创建窗体和连接宏组

本节利用例 8-4 创建的"宏组示例"宏,介绍如何将宏组中的宏连接到窗体相关控件的事件上。

【例 8-5】　创建窗体(图 8.12),将"宏组示例"宏与按钮的单击事件连接。

①在"创建"选项卡的"窗体"组中,单击"窗体设计"。

②在"窗体设计工具-设计"选项卡的"控件"组中,单击"标签" $\boxed{Aa}$,将一个标签加入窗体设计视图,输入标题"产品销售情况"。

③在"窗体设计工具-设计"选项卡的"控件"组中,单击"选项组" $\boxed{}$,加入到窗体设计视图"主体"节。

④在"选项组向导"中,输入选项组包含的选项名称(图 8.13),单击"下一步"。

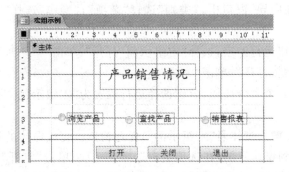

图 8.12　设置按钮的事件属性

⑤确定将"浏览产品"作为默认选项,单击"下一步"。

⑥确定每个选项的默认选项值 1、2、3(图 8.14),单击"下一步"。

图 8.13　输入选项名称

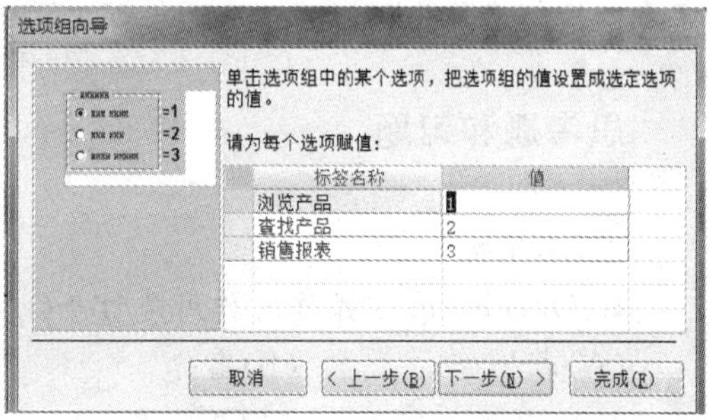

图 8.14　为选项赋值

⑦确定选项的类型,选择"选项按钮",确定选项的样式,选择"蚀刻"(图 8.15),单击"下一步"。

⑧为选项组指定标题"Frame1"(图 8.16),单击"完成"。

⑨在"窗体设计工具-设计"选项卡的"工具"组中,单击"属性表",在"全部"选项卡的"名称"中,输入选项组名称为"Frame1"。

按图 8.12 的形式,改变选项组的选项排列,删除选项组的标题。

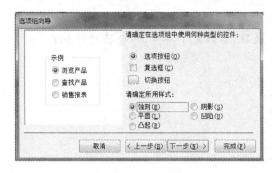

图 8.15　选择选项类型

图 8.16　输入选项组标题

⑩在"命令按钮向导"窗口中,"类别"选择"杂项","操作"选择"运行宏"(图 8.6),单击"下一步"。

⑪确定命令按钮运行的宏,选择"宏组示例 打开",单击"下一步"。

⑫输入按钮标题"打开",单击"完成"。

⑬再添加另外 2 个命令按钮,分别选择运行的宏为"宏组示例 关闭"和"宏组示例 退出"。

⑭单击"保存",输入窗体名"宏组示例",保存窗体。完成窗体的设计。

现将窗体切换到窗体视图,在选项组中选择某选项,单击"打开"按钮,就会打开相应的对象,单击"关闭"按钮,就会关闭相应的对象,而单击"退出"按钮,就会关闭"宏组示例"窗体。

练习 8.2

建立一个包括 2 个宏的宏组,2 个宏分别完成打开显示今天的日期的消息框、打开订单表。宏组名称为"测试"。

思考题和习题

一、选择题

1. OpenForm 宏操作的作用是打开(   )。

(A)表   (B)窗体   (C)报表   (D)查询

2. 如果不指定对象,CLOSE 将会(   )。

(A)关闭正在使用的表   (B)关闭正在使用的数据库

(C)关闭当前窗体   (D)关闭相关的使用对象(窗体、查询、宏)

3. 宏是由(   )组成。

(A)宏操作   (B)宏   (C)条件宏   (D)宏组

4. 宏组是由(   )组成的。

(A)若干宏操作   (B)子宏   (C)若干宏   (D)都不正确

二、填空题

1. 宏可以打开_____、_____和_____等对象。

2. 宏的条件是_____的条件。

3. 嵌入宏是将宏与_____的_____关联,当触发了事件,才会执行这个宏。

三、思考题

1. 什么是宏?

2. 什么是宏组?

3. 简述设计宏的步骤。

4. 列举 5 个常用的宏操作。

实验

练习目的

　　学习建立宏与使用宏的方法。

练习内容

　　1. 完成本章的实习内容。

　　2. 为"图书借阅"数据库建立以下宏。

　　(1)建立一个宏,命名为"autoexec",宏的功能是检查用户名和密码是否正确,如果都正确,则打开主窗体。并建立一个嵌入该宏的窗体。

　　(2)建立一个宏组,可以按书号、作者和书名筛选打开"图书"表。

第 9 章

在 Access 中运用 VBA

　　有些情况下,宏运行速度比较慢,而且不能提供程序语言的全部功能。微软提供了程序语言 Visual Basic for Application(VBA)的功能,通过建立并执行程序可以胜任宏力所不及的工作。模块是将 VBA 代码的声明、语句和过程作为一个单元进行保存的集合,是 Access 数据库的对象,数据库中的所有对象都可以在模块中进行引用。利用模块可以创建自定义函数、子程序以及事件过程等,来完成复杂的计算功能。

【本章要点】
- VBA 以及程序的组成
- VBA 对数据库对象进行编址的方法
- 使用 VBA 编辑器的方法
- 简单的 VBA 过程开发、调试方法

9.1　什么是 VBA

　　VBA 是 Microsoft Office 系列软件的内置编程语言,VBA 的语法与独立运行的 Visual Basic 编程语言互相兼容。它使得在 Microsoft Office 系列应用程序中快速开发应用程序更加容易,且可以完成特殊的、复杂的操作。

9.1.1　VBA 简介

　　在 20 世纪 90 年代,微软把 VBA 作为 Microsoft Office 系列软件内置的程序语言,它建立在 Visual Basic 程序语言的基础上,与 Visual Basic 开发工具有许多相似之处。如果读者有一些 Visual Basic 编程基础,或熟悉其他的程序语言,就能轻松地运用 VBA 进行编程;如果不熟悉其他语言,通过循序渐进地学习,也可以基本掌握 VBA 的使用方法。

　　VBA 与 VB 之间的最大不同之处是,VBA 不能独立运行,也不能使用它创建独立的应用程序,也就是说 VBA 需要宿主应用程序支持它的功能特性。宿主应用程序是诸如 Word、Excel 或 Access 这样的应用程序,它能够为 VBA 编程提供集成开发环境。

9.1.2　VBA 的相关术语

VBA 作为面向对象的程序语言,以下是最常见的术语。

(1)对象:是一组代码和数据的组合,例如表、窗体、命令按钮都是对象,是程序中类的实例。

(2)属性:描述对象的特征,例如名称、大小、颜色等。

(3)方法:对象能执行的操作,例如,窗体对象可以利用它的 Cls 方法清除窗体上的文字和图形。

(4)事件:对象能够识别的操作,例如,单击命令按钮,就会触发 Click 事件。

(5)过程:是完成指定任务的一段程序命令代码,可以通过调用的方式使用。过程有函数和子程序两种类型。

(6)函数:是具有返回值的过程,典型的函数在被调用时出现在"="符号的右边。

(7)子程序:是执行完成后不返回任何值的过程。

(8)模块:是若干过程的有机集合,通常做法是将模块连接到窗体或报表上。

9.1.3　VBA 的 VBE 编程环境

Office 提供的 VBA 开发界面称为 VBE(Visual Basic Editor),提供了集成的开发环境。所有 Office 应用程序都支持 Visual Basic 编程环境,而且其编程接口都是相同的,可以使用该编辑器创建过程,也可编辑已有的过程。

在 Access 2007 中,可以有多种方式打开 VBE 窗口。

(1)新建模块:在"创建"选项卡的"其他"组中,单击"宏"下拉框中的"模块"(图 9.1(a))。

(2)进入 VBE:在"数据库工具"选项卡的"宏"组中,单击"Visual Basic"(图 9.1(b))。

(3)建立窗体或控件的事件过程:在窗体或控件的"属性表"的"事件"选项卡中,单击相关事件的 … 按钮,为该控件添加事件过程(图 9.1(c))。

(4) 或使用"Alt"+"F11"快捷键,都会打开 VBE 窗口(图 9.2)。

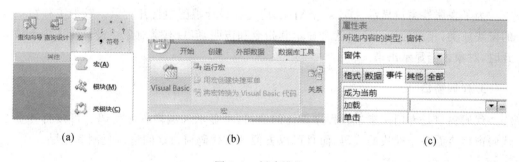

(a)　　　　　　　　　(b)　　　　　　　　　(c)

图 9.1　创建模块

单击工具栏上的 按钮(图 9.2)可以切换到数据库窗口,另外,使用"Alt"+"F11"快捷键还可以在数据库窗口和 VBE 之间切换。

在 VBE 窗口中，除常规的菜单栏、工具栏外，还有工程资源管理器窗口、属性窗口、代码窗口，通过视图菜单还可以显示对象窗口、对象浏览器窗口、立即窗口、本地窗口和监视窗口。

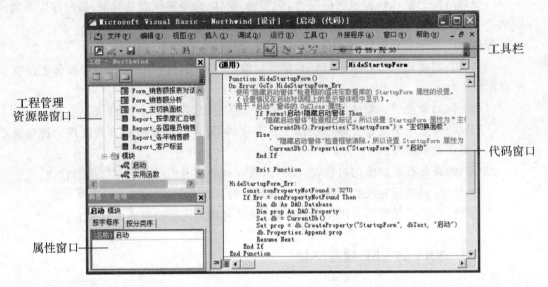

图 9.2　VBE 窗口

1. 工程资源管理器窗口

在工程资源管理器窗口中，以层次列表形式列出了组成应用程序的所有窗体文件和模块文件。通过"查看代码"按钮![图标]可显示相应的代码窗口，"查看对象"按钮![图标]可显示相应的对象窗口，"切换文件夹"按钮![图标]可隐藏或显示对象文件夹。

2. 属性窗口

属性窗口列出了所选对象的各种属性，可"按字母序"或"按分类序"查看属性。编辑这些对象的属性，通常比在设计窗口中编辑对象的属性要方便和灵活。

为了在属性窗口显示 Access 类对象，应先在设计视图中打开对象。双击工程窗口上的模块或类，相应的代码窗口就会显示其指令和声明，但只有类对象在设计视图中也被打开时，对象才能显示出来。

3. 代码窗口

代码窗口是专门用来进行程序设计的窗口，可显示和编辑程序代码。可以打开多个代码窗口查看各个模块的代码，而且可以方便地在代码窗口之间进行复制和粘贴。

9.1.4　编写一个简单的 VBA 程序

首先,建立并打开本章所用的数据库。

①单击"Office 按钮",然后单击"打开",在"..\数据库\第 9 章"文件夹中单击"音像店管理"。

②单击消息栏上的"选项",选择"启用此内容",单击"确定"。

通过下面简单的例子说明编写 VBA 程序的基本过程。

【例 9-1】　编写一个过程,显示"你好,朋友!"。

①在"创建"选项卡的"其他"组中,单击"宏"下拉框中的"模块",打开 VBE 窗口。

②单击"插入"菜单命令,选择"过程",弹出"添加过程"对话框(图 9.3),输入过程名"Hello",单击"确定"。

③在代码窗口(图 9.4)中输入语句:MsgBox ("你好,朋友!")

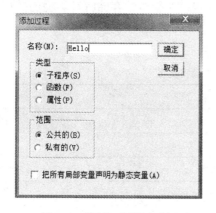

图 9.3　"添加过程"对话框

图 9.4　代码窗口

④单击"保存"按钮,输入该模块名"模块 1",单击"确定"(图 9.5)。

⑤单击"运行"按钮,或按"F5"键,弹出消息框(图 9.6)。

图 9.5　"另存为"对话框

图 9.6　消息框

说明:

Sub:过程的开始标志符。

End Sub:过程的结束标志符。

9.2　程序的组成部分

在 VBA 中,程序是由过程组成的,过程是由根据 VBA 规则书写的指令组成。VBA 的规则被称为“语法”,如果不遵循程序语言的语法,就不是一个合法的程序。

一个程序包括以下基本要素:语句、变量、运算符、函数、数据库对象和对象库、事件等。

9.2.1　数据类型

在定义表时,需要定义 Access 存储在该表每个字段中数据类型,定义变量与定义字段类似,也需要定义数据类型,在一段程序中,应该声明变量中存储哪种类型的数据,以便让 VBA 正确处理变量。

VBA 支持 11 种不同的数据类型,见表 9.1。

表 9.1　VBA 支持数据类型

数据类型		取值范围	类型
布尔型	Boolean	True/False	逻辑
字节型	Byte	0～255	数值
整型	Integer	−32768～32767 用％表示,如 56％	数值
长整型	Long	−2147483648～2147483647 用 & 表示,比如 56000&	数值
单精度型	Single	−3.402823E38～3.402823E38 用!表示,比如 3.1415926!	数值
双精度型	Double	−1.79769313486232E308 ～ 1.79769313486232 用 ♯ 表示,如 3.1415926♯	数值
货币型	Currency	−922337203685477.5808～922337203685477.5807 用@表示,如 56.00@	数值
日期型	Date	100-1-1 到 9999-12-31 用♯括起来,如♯2003-4-28♯	日期
字符串型	String	长度为 65535 个字符,用“""”括起来,如"UIBE"	字符串
对象型	Object	引用数据库对象	
可变型	Variant	随变量中存储信息的特性而变化	

VBA 变量的数据类型要与字段的数据类型相吻合。在表 9.1 中,显示不同数据类型之间的主要差别在于变量值的范围和精确度。

1. 字符串类型数据

字符串类型数据与字段中的文本数据类型相似,包含任何字符。字符串放在双引号

中,例如"对外经贸大学"。定义字符串类型数据的方法为:

```
Dim str1 as string
Str1 = "对外经贸大学"
```

2．数值类型数据

数值类型数据可以进行运算,在 VBA 中分为字节型、整型、长整型、单精度型和双精度型,它们的不同表现在定义和取值范围上,见表 9.1。定义整型类型数据的方法为:

```
Dim n1 as integer
N1 = 1234
```

3．日期类型数据

在 VBA 中日期型数据以数字的方式存储。这个数字的表示方法(例如 2006 年 10 月 16 日)只是一种格式,并不是日期数字本身,是从 1899 年 12 月 30 日开始截止到该日期的天数。日期型数据放在"♯"中。定义日期数据方法为:

```
Dim da as date
Da = ♯2011/3/23♯
```

4．对象类型数据

对象类型数据用于连接到 Access 中保存的某个对象上,如链接到表、窗体、报表或者其他对象。

5．可变类型数据变量

可变类型数据变量很特别,它能自动适应包含在其中的信息类型,例如,可变型变量中存储的是字符串,变量就是字符型的。可变型变量可以存储九种类型的数据,分别是:为 Empty、NULL 型、整型、长整型、单精度型、双精度型、货币型、日期型和字符串型。

注意:

NULL 表示程序还没有为该变量分配一个值,可变型变量为 NULL 值的情况出现在程序已经完成了初始化,还没有包含任何数据的状态。

9.2.2　变量和常量

有时,需要有个缓冲的地方暂时保存一些数据,最合适的方法就是使用变量,它们在内存中存储信息,可以给变量赋初值,可以在程序中用命令语句更改变量的值。

例如,如果判断出输入的密码是正确的,就允许进入音像店的管理系统。那么变量在其中所起的作用是将输入的密码保存在内存,根据预置的密码判断是否一致,并按判断结果进行不同的操作。变量的使用与如下内容密切相关。

1.声明变量

在程序中使用变量之前,通常应先声明变量,让 VBA 知道在程序中要使用的变量的名称、数据类型和所需要占用的内存空间的大小。

声明变量的方法有隐式声明和显式声明。

(1)隐式声明

有时,在程序中不对变量做类型声明而直接使用,这种方式是隐式声明方式,变量的类型由所赋值的数据决定,例如,在程序中没有对变量 avgNumber 做类型声明,而出现语句:

```
avgNumber = 12
```

该语句的作用是将一个单精度数 12 赋值给 avgNumber 变量,那么这个变量被隐式声明为单精度型变量。

如果利用以下语句,则 avgNumber 的类型就是字符串型。

```
avgNumber = "UIBE"
```

(2)显式声明

显式声明是在使用变量前声明变量的数据类型,定义变量的格式为:

定义词 变量名 as 数据类型

显式声明中使用以下定义词:

(1)Dim:定义独立变量,有效范围是在当前过程。每次调用进程,VBA 都要重新声明独立变量,完成过程后,变量失效,变量中的值消失。

(2)Public:定义全局变量,有效范围是在整个程序。可以在程序的任何过程访问全局变量,变量值的变化是连续的。

(3)Static:定义静态变量,与独立变量类似,但每次调用过程时 VBA 不重新声明和初始化静态变量,这个特点使得这个类型的变量在重复执行一个过程中,变量的值连续变化。

一般情况下,在程序中使用显式声明,VBA 检查并确认程序中所使用的变量是正确的。对变量进行必需的显式声明的方法是:在程序的声明部分(在定义任何变量之前)加入以下语句:Option Explicit,它的作用是必须给过程中所使用的任何变量做显式声明。

【例 9-2】 声明变量。

```
Option Explicit        '显式地声明变量。
Dim aVar               '声明变量。
Dim aInt as integer    '声明变量。
aInt = 10              '给变量赋值。
aVar = 10              '对声明的变量不会产生错误。
```

2. 定义常量

常量就是命名项,在程序执行期间,它总是保持固定值。常量可以是数字、字符串,也可以是其他值。每个应用程序都包含一组常量,用户也可以定义新常量。一旦定义了常量,就可以在程序中使用它,而不必再用实际值。VBA 支持两种类型的常量,即内置常量和用户定义的常量。

（1）内置常量

内置常量是系统内部定义的常量，例如 vbYes，vbNo，内置常量列在 VBA 类型库以及数据访问对象（DAO）中。

（2）用户定义常量

用户可以用 Const 语句定义自己的常量，以便于记忆。Const 语句的格式为：

Const 常量名＝表达式

例如，Const PI＝3.1416

3. 变量数组

一个变量中，只能保存一个数据，如果想保存如员工的基本信息（员工 ID、姓名、电话等）这样的一组数据时，用多个不相关的变量，处理数据十分不方便。利用变量数组，一个名称下存在若干元素，保存相关的员工信息，非常实用。数组变量使用下标区分同一个变量数组中的各个数组元素。定义数组方法为：

```
定义词 数组名（数组范围）as 数据类型
```

【例 9-3】　将一个变量声明为字符串类型的数组，并将下标数目设为 20。

```
Dim Employees(20) As String
Dim Suppliers(15,6) As String
```

Employees 是一维字符串数组，包括从 0 到 19 共 20 个元素，即 Employees(0)、Employees(1)到 Employees(19)，默认的下标从 0 开始，这些元素具有共同的数组名称 Employees。

数组中每一个元素都相当于一个变量，每个元素都可以保存一个字符串。在这个举例中，尽管 Employees 数组包括 20 个元素，但还是一维数组。如果希望在数组中保存若干供应商的信息时，一维数组解决不了问题，需要多维数组。

Suppliers 是二维数组，其中包括 90 个元素（15×6＝90），每个元素都是一个独立的变量。一般情况下，一维或二维数组足以满足需要了。

4. 变量赋值

给变量制定一个特定的值，就是给变量赋值。赋值操作符"＝"在表达式中起到给变量赋值的作用。

【例 9-4】　给 I、J、S 变量赋值。

```
Dim I,J as Integer, S as Single
Dim supTitle As String
I = 1
J = 10
S = I/J
supTitle = "紫金城影视"
```

经过类型定义后，I、J、S 变量分别是整型、整型和单精度数值型，supTitle 是字符串型的变量；在赋值语句后，I 变量中的初值为 1，J 变量中是 10，S 是 I 和 J 相除的结果，给字符型变量赋值时,需在赋值表达式中用引号引用这些字符,supTitle 中是字符串"紫金城影视"。

5. 变量命名规则

在为变量命名时必须遵循 VBA 的准则,这些准则是:
(1)变量名必须以字母开头。
(2)变量名中不能包含空格。
(3)变量名长度在 40 个字符以内。
(4)变量名不能是 VBA 的保留字。

保留字是 VBA 中的语句、函数或关键字等,例如 iif、as。在 VBA 编辑器的在线帮助系统中,可以查找 VBA 的保留字。

9.2.3 运算符

在表达式中,要使用运算符。VBA 的运算符分为以下四种:
(1)数学运算符:组成数学表达式,包括加、减、乘、除等。
(2)比较运算符:比较两个操作数之间的关系,比较运算的结果为 True 或 False。
(3)连接运算符:连接两个字符串。
(4)逻辑运算符:测试条件,逻辑运算的结果是 True 或 False。
在表 9.2 中列出四种类型的 20 种常用 VBA 运算符。

表 9.2　VBA 中的运算符

类别	运算符	含义	用法和示例
数学运算符	+	加法运算	
	−	减法运算	
	*	乘法运算	
	/	除法运算	
	^	乘方运算	n1^n2　5^2 结果是 25
	\	整除运算	n1\n2　5\2　结果是 2
	Mod	模运算	n1 mod n2,返回余数　5 mod 2 结果是 1
比较运算符	=	等于	
	<	小于	
	>	大于	
	<=	小于等于	
	>=	大于等于	
	<>	不等于	

类别	运算符	含义	用法和示例
连接运算符	&	合并字符串	"ab" & "cd" 结果是 abcd
	＋	合并字符串	"ab" & "cd" 结果是 abcd
逻辑运算符	AND	与	e1 AND e2,当 e1 和 e2 都为 True 时,结果为 True
	EQV	相等	e1 EQV e2,当 e1 和 e2 均为 True 或者 e1 和 e2 均为 False 时,结果为 True
	NOT	否	NOT e1,当 e1 不为 True 时,结果为 True
	OR	或	e1 OR e2,当 e1 或 e2 为 True 时,结果为 True
	XOR	异或	e1 XOR e2,当 e1 为 True 或 e2 为 True,但并非两者都为 True 时,结果为 True

9.2.4　函　数

函数是具有返回值的过程,通过使用函数,可以避免进行重复性的编程工作。VBA 提供了众多函数,可以直接使用,被称为内置函数,而由用户编写的函数称为用户函数。按照其工作类型分为:数学函数、财务函数、转换函数、字符串函数、日期和时间函数等。

VBA 提供了很多内置函数,它们能完成多个任务,例如设置表达式格式、转换数据类型、处理字符串等。内置函数按其功能可分为数学函数、字符串函数、日期函数、转换函数等,见表 9.3。

表 9.3　常用内置函数

类别	函　数	说　明
数学函数	Sin(x)	返回自变量 x 的正弦值
	Cos(x)	返回自变量 x 的余弦值
	Tan(x)	返回自变量 x 的正切值
	Atn(x)	返回自变量 x 的反正切值
	Abs(x)	返回自变量 x 的绝对值
	Exp(x)	返回以 e 为底,以 x 为指数的值,即 e 的 x 次方
	Sqr(x)	返回 x 的平方根
	Sgn(x)	返回数的符号值:当 x 为负数时,函数返回 −1;当 x 为 0 时,函数返回 0;当 x 为正数时,函数返回 1
	Int(x)	返回不大于给定数 x 的最大整数

续表

类别	函 数	说 明
字符串函数	Ltrim＄（字符串）	去掉字符串左边的空白字符
	Rtrim＄（字符串）	去掉字符串右边的空白字符
	Left＄（字符串,n）	取字符串左部的 n 个字符
	Right＄（字符串,n）	取字符串右部的 n 个字符
	Mid＄（字符串,p,n）	从位置 p 开始取字符串的 n 个字符
	Len＄（字符串）	测试字符串的长度
	String＄（n,字符串）	返回由 n 个字符组成的字符串
	Space＄（n）	返回 n 个空格
	Instr（字符串 1,字符串 2）	返回字符串 2 在字符串 1 中的位置
	Ucase＄（字符串）	把小写字母转换成大写字母
	Lcase＄（字符串）	把大写字母转换成小写字母
日期/时间函数	Day（Now）	返回当前的日期
	Weekday（Now）	返回当前的星期
	Month（Now）	返回当前的月份
	Year（Now）	返回当前的年份
	Hour（Now）	返回小时（0～23）
	Minute（Now）	返回分钟（0～59）
	Second（Now）	返回秒（0～59）
类型转换函数	Int（x）	求不大于自变量 x 的最大数
	Fix（x）	去掉一个浮点数的小数部分,保留其整数部分
	Hex＄（x）	把一个十进制数转换为十六进制
	Oct＄（x）	把一个十进制数转换为八进制
	Asc（x＄）	返回字符串 x＄中第一个字符的 ASCII 码
	Chr＄（x）	把 x 的值转换为相应的 ASCII 码
	Str＄（x）	把 x 的值转换为一个字符串
	Cint（x）	把 x 的小数部分四舍五入,转换为小数
	Ccur（x）	把 x 的值转换为货币类型值,小数部分最多保留 4 位,且自动四舍五入
	Cdbl（x）	把 x 值转换为双精度数
	Clng（x）	把 x 的小数部分四舍五入转换为长整型数
	Csng（x）	把 x 值转换为单精度数
	Cvar（x）	把 x 值转换为变体类型值

【**例 9-5**】　使用 Len 函数计算字符串的长度。

```
Dim StrLong As Integer, AString As String
AString = "字符串"
StrLong = Len(AString)
```

　　第一个语句作用是定义两个变量,第二个语句的作用是为变量 AString 赋值,第三个语句的作用是将变量 AString 中字符串的长度赋值给变量 StrLong,本例 AString 中包括 3 个字符,Len 函数将把值 3 赋给变量 StrLong。

　　在 len(AString)中,AString 是 Len 函数的参数。函数中所使用的参数视具体函数而定。

　　可以使用用户交互函数显示信息及接收用户输入。用于显示输出信息的函数为 MsgBox,接收用户输入数据的函数为 InputBox。

1. MsgBox 函数

　　使用 MsgBox 函数,可以在对话框内显示用户定义的文本信息。函数格式为:

MsgBox(提示[,按钮][,标题])

其中,"提示"表示要在对话框内显示的字符串;"按钮"是个整型表达式,指定信息框按钮的数目和类型,及出现在信息框上的图标;"标题"指定对话框标题栏中要显示的字符串。

【**例 9-6**】　使用 MsgBox 函数。

```
Private Sub Form_Load()
    Dim IntResponse As Integer, StrTitle As String
    StrTitle = "MsgBox 示例"
    IntResponse = MsgBox("Application Stopped!", 19, StrTitle)
    If IntResponse = vbYes Then
    MsgBox "You clicked on Yes."
  Else
    MsgBox "You did not click on Yes."
  End If
End Sub
```

显示输出结果,见图 9.7。

图 9.7　MsgBox 函数示例

2. InputBox 函数

使用 InputBox 函数可以接收用户在对话框中的输入，然后返回用户输入的文本。函数格式为：

InputBox(提示[，标题][，默认][，X 坐标位置][，Y 坐标位置])

其中，"提示"、"标题"与 MsgBox 函数对应的参数相同；"默认"为字符串表达式，当在输入对话框中无输入时，则该默认值作为输入的内容；"X 坐标位置"、"Y 坐标位置"为整型表达式，指定对话框左上角在屏幕上的坐标位置（屏幕左上角为坐标原点）。

【例 9-7】 提示输入用户名字的对话框的代码：

```
Private Sub Form_Load()
    Dim StrMsg As String, StrTitle As String, StrName As String
    StrMsg = "请输入你的名字:"
    StrTitle = "InputBox 示例"
    StrName = InputBox(StrMsg, StrTitle, "李四")
End Sub
```

显示结果，见图 9.8。

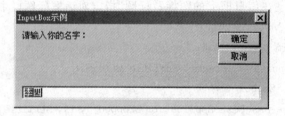

图 9.8　InputBox 函数示例

9.2.5　语　句

书写程序语句时必须遵循的构造规则称为语法。缺省情况下，在输入语句的过程中，VBA 将自动对输入的内容进行语法检查，如果发现错误，将弹出一个信息框提示出错的原因。VBA 还会约定对语句进行简单的格式化处理，例如关键字、函数的第一个字母自动变为大写。

在一般情况下，输入的语句要求一行一句，一句一行。但 VBA 允许使用复合语句，即把几个语句放在一行中，各语句间用冒号"："分隔；一条语句也可分若干行书写，但要在续行的行尾加入续行符 "_"（空格和下划线），"'"为注释符，后续文字是解释语句，不是执行语句。例如：

```
a = 10：b = 20：c = 5                '3 条赋值语句
Dim Num As Integer, Nam As String * 8, Sex _
    As Boolean, Bir As Date
```

在 VBA 中编写程序时，通过写出语句，建立程序，例如，在程序中使用以下代码：

```
Option compare Binary    '按二进制比较,"AAA" 将小于 "aaa"
Option compare Text      '按文本比较,"AAA" 将等于 "aaa"
a = 6                    '将 6 赋给变量 a
```

VBA 定义了许多语句,可以把这些语句使用在程序中,语句的用途非常广泛,需要在不断的学习中逐渐掌握其使用的方法,在后面的举例会有一些常用的语句。

9.2.6　连接数据库对象

本节介绍将数据库对象与表、窗体、报表、宏等对象与 VBA 连接的方法。

从程序设计的角度,这是一种叫做 DAO 数据访问对象的技术。DAO 技术的框架可以识别两种类型的数据库组成部分:对象和对象库。

(1)对象是数据库组成部分,对象还可以包括其他对象或对象库。

(2)对象库是一组相关对象,提供一种同时连接整个组中对象的方法。

表 9.4 中列出了 DAO 框架中的各种对象库和对象。

表 9.4　VBA 可以识别的 DAO 对象库和对象

对象库	对　象	描　　述
Containers	Container	容纳其他对象的信息
Databases	Database	一个打开的 Access 数据库
	DBEngine	Jet 数据库引擎
Fields	Field	表、查询、记录集、索引或关系中的一列
Groups	Group	当前工作组中的一组用户账号
Indexes	Index	表的索引
Parameters	Parameter	查询的参数
Properties	Property	对象的属性
QueryDefs	QueryDef	已经保存的查询信息
Recordsets	Recordset	表或查询中定义的多条记录
Relations	Relation	表或查询中各个字段间的关系
TableDefs	TableDef	数据库中已经保存的表
Users	User	当前工作组中的一个用户账号
Workspaces	Workspace	Jet 数据库引擎中的激活部分

另外 Access 还能处理如表 9.5 中所示的对象库和对象(称之为 Access 对象)。

表 9.5   **Access 对象**

对象库	对 象	用 途
	Application	Access 中的当前事例
	Control	窗口或报表上的控件
	Debug	VBA 立即窗口
Forms	Form	窗体或子窗体
Reports	Report	报表或子报表
	Screen	视频显示

1. 属性和方法

(1)属性

利用属性定义 DAO 对象库和对象以及 Access 对象的方法,与前面章节介绍的对象属性的定义方法类似。

【例 9-8】 利用 Count 属性,计算正在打开窗体个数。

```
Dim Num As Integer
Num = Forms.Count
Print Num
```

(2)方法

对象和对象库的方法是作用在对象或对象库上的特定函数,在例 9-8 中 Print 就是在窗体上显示变量 Num 内容的方法。

2. 对象和对象库编址

Access 提供在数据库中对所有对象进行编址的方法,将对象和对象库组成了一个层次化的系统,这种结构与磁盘目录结构系统非常相似。

在 Access 中,使用惊叹号"!"和句点".",表示层次,它们也被称为对象运算符,比如:

```
音像店管理! [供应商]              '表示"音像店管理"库中的"供应商"表对象
```

如果引用表中的某个属性,使用一个英文句点和属性的名称。

```
音像店管理! [供应商].RecordCount   '表示"音像店管理"中"供应商"对象的记录个数
```

3. 对象变量

VBA 引用对象的方法与变量声明方法相似,如果将变量名分配给一个对象,Access 把对变量名所做的任何引用都作用于它所代表的实际对象上。

【例 9-9】 使用对象变量。

```
Dim cdDB As Database
Set cdDB = DbEngine.Workspaces(0).Databases(0)
```

第一行 Dim 语句定义变量 cdDB 的类型,具有数据库对象的特性;第二行通过 Set 语

句将实际值赋给变量,VBA 从 0 开始计数,所以 cdDB(0)表示学生表中的第一个记录,0
是一个记录的偏移量。

当 Access 执行这两行命令后,VBA 知道 cdDB 引用了一个物理实体,并使用指定的
名称,Set 语句将一个实际的值赋给对象变量 cdDB。

9.2.7　VBA 中常用的事件

当触发一个过程的事件发生时,VBA 才能执行过程,在第 8 章中介绍的事件
GotFocus、Click 等都可以作为触发过程的事件;另外,Windows 系统规定当前窗口中只
允许一个控件或窗体处理键盘事件,这个能处理事件的对象被称为拥有焦点。

1. 窗体常用事件

(1)Load 事件

Load 事件发生在窗体被装入到工作区时,通常用来对窗体上的属性和变量进行初始
化设置。

【例 9-10】　在 Load 事件程序中,设置窗体的大小。

```
Sub Form_load( )               '窗体加载事件
    Form1.top = 1000           '设置 Form1 左上角在屏幕窗口的位置
    Form1.left = 2000
    Form1.height = 6500        '设置 Form1 的高度和宽度
    Form1.width = 6600
End Sub
```

(2)Click、DbClick 单击和双击事件

单击或双击窗体事件,前面已经详细讲解,不再赘述。

2. 按钮常用事件

Click 事件是命令按钮最常用的事件。

【例 9-11】　单击按钮后的过程。

```
Private Sub CmdClear_Click()    '单击名为 CmdClear 的按钮的事件
    Dim A(9) As Integer
    Txtbj = 0                   '将名为 Txtbj 文本框的内容置为 0
    FOR I = 0 TO 9              '利用循环给数组元素赋值
      A(I) = I
    NEXT I
End Sub
```

3. 文本框常用事件

（1）Change 事件

在程序运行过程中，如果在文本框中输入新的内容，或者程序改变了文本框的 Text 属性值时，就会触发该事件的过程。

【例 9-12】 在窗体设置两个文本框：Text1 和 Text2，通过以下程序，使得在 Text1 文本框中输入的内容，同时出现在 Text2 文本框中。

```
Private Sub Text1_Change()  '文本框内容改变事件
    Text2.Text = Text1.Text
End Sub
```

（2）KeyPress 事件

当程序运行过程时，在文本框中输入过程中，每按一次键，就会触发一次 KeyPress 事件，将所按键的 ASCII 值作为参数，传递给该事件的过程。事件最常用于判断是否键入回车，表示文本输入的结束。

（3）GotFocus

当使用 TAB 键或用鼠标单击对象时触发获得焦点 GotFocus 事件，参见例 9-13。

【例 9-13】 当鼠标单击文本框 txtR 对象时触发的 GotFocus 事件过程。

```
Private Sub txtR_GotFocus()
    Dim A as integer, B as integer
    A = val(InputBox("输入一个整数"))
    B = val(InputBox("再输入一个整数"))
    If A > B     Then                  '判断 A 与 B 的的大小关系
      txtR.Text = "A 大于 B"           '当 A>=B,txtR 中显示字符串"A 大于 B"
    Else
      txtR.Text = "A 不大于 B"         '否则,txtR 中显示字符串"A 不大于 B"
    End If
End Sub
```

（4）LostFocus

当使用"TAB"键离开当前文本框或用鼠标单击其他对象时，触发失去焦点 LostFocus 事件。

【例 9-14】 利用触发失去焦点事件，改变文本框的颜色。

```
Private Sub Text2_LostFocus()
    Text4.BackColor = vbBlue           '将文本框背景颜色设置为蓝色
End Sub
```

（5）SetFocus

SetFocus 事件的作用是设置对象为焦点，参见下例。

【例 9-15】 在给文本框赋值之前，通过 SetFocus 将文本框设置为当前焦点。

```
Private Sub Form_Click()
    Static s As Integer
    s = s + 1
    Text4.SetFocus              '将文本框 Text4 设置为焦点
    Text4.Text = "您单击窗体" + str(s) + "次了!"
End sub
```

4. 组合框和列表框的常用事件

(1)组合框事件

组合框的事件依赖于它的 Style 属性:

①Style＝0,可以响应 Click 、change 和 dropdown 事件;

②Style＝1,可以响应 Click 、DbClick 和 change 事件;

③Style＝2,可以响应 Click 和 dropdown 事件。

一般情况下,只需要读取组合框的 Text 属性值。

(2)列表框事件

列表框可以接受 Click 、DbClick、GotFocus 和 LostFocus 事件;单击一个命令按钮读取列表框中的 Text 属性值是更实用的。

9.2.8　VBA 的结构控制语句

计算机程序设计有三种控制结构:顺序、分支和循环。

1. 顺序结构

如果执行程序的顺序是按书写命令的次序执行的,就是顺序结构,参见以下程序。

【例 9-16】　顺序结构。

```
Private Sub Report_NoData(Cancel As Integer)
    Dim strMsg As String, strTitle As String
    Dim intStyle As Integer
    strMsg = "您必须输入一个介于 2006-07-16 和 2007-02-06 之间的日期。"
    intStyle = vbOKOnly
    strTitle = "日期区间无数据"
    MsgBox strMsg, intStyle, strTitle
End Sub
```

说明:

①第 1 句和第 2 句定义变量。Dim strMsg As String 语句将变量 strMsg 定义为字符类型,变量 strTitle 被定义为字符类型,变量 intStyle 是整数型。

②第 3 句至第 5 句是赋值语句。比如,将字符串"您必须输入一个介于 1996-07-16 和 1998-05-06 之间的日期。"赋值给内存变量 strMsg。

③第 6 语句显示一个消息框,显示 strMsg 变量中的内容,标题是 strTitle 中的内容,消息框的形式由 intStyle 变量内容决定。

④6 条语句在 Private Sub 和 End Sub 之间,表示一个程序子过程,将按顺序执行。

2. 分支结构

条件结构将依赖条件的值,以选择程序执行的不同分支。在 VBA 中有两种条件语句:IF 语句、Select Case 语句。其中,IF 语句是所有编程语言中使用的最重要的条件结构,且具有多种形式,如单分支、双分支、多分支等。

(1)单分支结构 IF-THEN

格式 1:**If** < **条件表达式** > **Then**［单一语句］

格式 2:**If** < **条件表达式** > **Then**

          ［语句块］

     End If

【例 9-17】 单分支结构。

```
Private Sub txtR_GotFocus()
    If Val(txt1) >= Val(txt2) Then    '判断 txt1 中的值大于等于 txt2 中的值?
        txtR.Text = " txt1>= txt2"       '是真的,将字符串 txt1>= txt2 赋值给 txtR
    End If
```

如果 IF 语句下面只有一条语句时,还可以简化为:

```
 If Val(txt1) >= Val(txt2) Then       txtR.Text = " txt1>= txt2"
```

(2)If-Then-Else-End If 语句(双分支语句)

格式:**If** < **条件表达式** > **Then**

          ［语句块 1］

     Else

          ［语句块 2］

     End If

功能:如果< 条件表达式 >为真,则执行［语句块 1］,如果< 条件表达式 >为假,则执行［语句块 2］。

典型的 If-Else-End If 分支结构参见图 9.9。

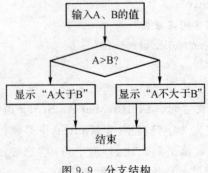

图 9.9 分支结构

比如,在例 9-13 中,判断输入两个数的大小关系,在 txtR 中显示大小关系。例 9-17
程序与例 9-13 的程序区别在:如果 txt1 中内容小于 txt2 中内容时,不显示结果。

(3)多分支结构 If-Then-Elseif

格式:**IF** <**条件 1**> **then**
　　　　[语句块 1]
　　Elseif　<**条件 2**> **then**
　　　　[语句块 2]
　　Elseif　<**语句块 3**> **then**
　　　　…
　　Else
　　　　[语句块 n]
　　End If

(4)多分支 Select-Case-End Select

格式:**Select Case** < **条件表达式** >
　　　　　[**Case 表达式 1**
　　　　　[语句块 1]]
　　　　　[**Case 表达式 2**
　　　　　[语句块 2]]
　　　　　　…
　　　　　[**Case Else**
　　　　　[语句块 n]]
　　End Select

【例 9-18】　统计单击窗体的次数,根据不同的次数,在窗体的文本框 txt 中显示不同的次数,注意阴影部分的语句。

```
Private Sub Form_Click()
Static s As Integer              '定义 s 为静态变量,过程完成后还能保留其中的内容
s = s + 1                        '计数器,累计单击窗体次数
txt.SetFocus                     '将 txt 文本框设置为焦点
Select Case s
  Case 1
    txt.Text = "您单击了 1 次"    '单击 1 次
  Case 2
    txt.Text = "您单击了 2 次"    '单击 2 次
  Case 3
    txt.Text = "您单击了 3 次"    '单击 3 次
  Case 4
    txt.Text = "您单击了 4 次"    '单击 4 次
  Case Else
```

```
        txt.Text = "您单击了＞=5次"'单击 5 次以上
    End Select
End Sub
```

3. 循环结构

使用循环语句(又称控制结构),可以生成重复动作的代码。这种结果十分有用。循环允许重复执行一组语句,重复执行这些语句直到条件不满足为止。

(1)For-Next 语句

格式:For　计数器＝初值 to 终值〔Step 增量〕

　　　　　　〔语句序列〕

　　　　Next〔计数器〕

功能:计数器的值从初值按增量计数到终值。每循环一次,计数器变量的值就会增加(增量为正时)或减少(增量为负时),直到计数器的值大于终值(增量为正时)或小于终值(增量为负时)。

【例 9-19】　计算 $1+2+\cdots+100$。

```
Private Sub txt_GotFocus()
    Dim i As Integer, s As Single
    s = 0
    For i = 1 To 100 Step 1
      s = s + i
    Next i
    txt.Text = s
End Sub
```

在例 9-19 中,For i=1 To 100 Step 1 的作用是:i 是循环变量,第一个取值为 1,最大值=100,Step(步长)是 i 变量的变化值;判断 i 值是否大于 100,是,跳到 Next 语句后面一句,不是,执行 For-Next 之间的语句。Next 语句作用是执行 i＝i 值＋Step 值,再返回 For 语句,For-Next 成了一个循环结构(图 9.10)。

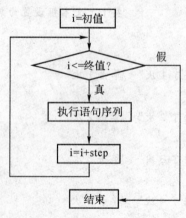

图 9.10　For-Next 结构

练习 9.1

将例 9-17 的程序更改为计算 $1×2×3×4…×100$ 的程序。

(2)Do While-Loop 结构

格式:**Do While** <条件表达式>

　　　　　[语句块]

　　　　Loop

【例 9-20】　将例 9-19 结构更改为 Do While-Loop 结构。

```
Do While i< = 100
    s = s + i
    i = i + 1
Loop
```

还可以根据实际需要使用循环嵌套,例如,计算乘法 99 表。

说明:

(1)Do-Loop:循环重复执行语句直到条件不满足结束,适合不预先知道循环次数情形。

(2)For-Next:使用一个计数器来运行一指定次数的语句,用于已知循环次数的情形。

练习 9.2

用 Do While-Loop 结构编写程序,计算 $1×2×3×4…×100$。

9.3　创建 VBA 模块

模块是将 VBA 代码的声明、语句和过程作为一个单元进行保存的集合,是基本语言的一种数据库对象,数据库中的所有对象都可以在模块中进行引用。在 Access 中模块可以分为两类:类模块和标准模块。

类模块是一种包含对象的模块,当创建一个新的事物时即在程序中创建一个新的对象。窗体和报表模块都属于类模块,而且它们各自与某一个窗体或报表相关联。窗体和报表模块通常都含有事件过程,用于响应窗体和报表中的事件,也可以在窗体和报表模块中创建新过程。

标准模块中含有常用的子过程和函数过程,以便在数据库的其他模块中进行调用。标准模块中通常只包含只一些通用过程和常用过程,并不与任何对象相关联。

在 Access 中可以创建标准模块、类模块和过程,创建 VBA 模块的许多步骤与创建宏是极其相似的,VBA 编程的主要步骤如下。

(1)明确具体任务。

(2)计划完成任务的步骤。

(3)编写程序代码。

(4)调试程序。

(5)修改程序。

(6)重复步骤(4)和步骤(5)直到工作圆满完成。

9.3.1　创建新过程

过程是包含 VBA 代码的基本单位,由一系列可以完成某项指定的操作或计算的语句和方法组成,通常分为 Sub 过程、Function 过程、Property 过程。其中,Sub 过程是最通用的过程类型,可以传送参数和使用参数来调用它,但不返回任何值;Function 过程也称自定义函数过程,其运行方式与程序的内置函数一样;Property 过程能够处理对象的属性。

1. Sub 过程

Sub 过程可分为事件过程和通用过程。使用事件过程可以完成基于事件的任务,例如命令按钮的 Click 事件过程、窗体的 Load 事件过程等;通用过程可以完成各种应用程序的共用任务,也可指定特定于某个应用程序的任务。

定义通用过程的格式为:

[Public ｜Private][Static] Sub 过程名[(参数列表)]

[语句块]

End Sub

其中,"过程名"的命令规则与变量命名规则相同,"Public"、"Private"、"Static"分别表示公用的、局部的和静态的,"参数列表"形式为:

[ByVal]变量名[()][As 类型][,[ByVal]变量名[()][As 类型]…]

参数也称为形参或哑元,只能是变量名或数组名(需加括号),在定义时没有值。ByVal 表示当该过程被调用时,参数是值传递,否则是地址(引用)传递。

例如,一个将两个数按大小排序的子过程:

```
Public Sub Swap(x As Integer, y As Integer)
     Dim z As Integer
     If x ＜ y Then z = x: x = y: y = z
End Sub
```

子过程的调用是一条独立的语句,有两种形式:

Call 子过程名[(实参列表)]

或

子过程名 [实参列表]

前者用 Call 关键字时,若有实参,则实参必须加括号,无实参时括号省略;后者无 Call,而且也无括号。

2. 函数

函数是过程的另一种形式,当过程的执行返回一个值时,使用函数就比较简单。要创

建一个自定义函数,必须使用 Function 过程,其格式为:

[Public | Private][Static] Function 函数名([参数列表])[As 类型]

　　　　[语句块]

　　　　[函数名＝表达式]

　　　　[Exit Function]

　　　　[语句块]

　　　　[函数名＝表达式]

End Function

其中,"函数名"的命令规则与变量名相同,"As 类型"表示函数返回值的类型;"参数列表"指定参数的个数及类型,即使没有参数,函数名后的括号也不能省略;"Exit Function"表示退出函数过程。

【例 9-21】 定义一个计算存款利息的函数。

若以 d、n、r 分别表示存款的本金、年限和利息,则到期时的提取金额的函数定义如下:

```
Public Function BI(d As Currency, n As Integer, r As Single)
BI = d * (1 + r / 100) ^ n
End Function
```

调用自定义函数与使用内置函数的方法相同。由于函数返回一个值,一般不能作为单独的语句加以调用,必须作为表达式或表达式的一部分,再配以其他的语法成分语句。例如,可在立即窗口中直接输入:

```
? BI(2000,3,4)
```

即可显示结果为 2249.728。

我们以以下的内容作为例子,说明如何建立过程和函数。

建立一个过程,其作用是检查每条记录的"订单 ID"字段,如果与指定值相同,则更改这条记录的"经手人"字段的值。

【例 9-22】 建立过程。

操作步骤如下。

(1)在"模块"窗口中输入新过程名,将过程命名为 ChangeSales,过程名称应该尽量表示过程的功能,便于理解。输入:

```
Sub ChangeSales(ID As Integer, sName As String)
```

(2)按回车键,参见模块窗口(图 9.11)。

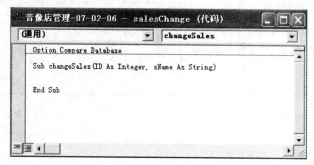

图 9.11　新过程的"模块"窗口

VBA 两行程序是按回车键后自动生成的,Function/End Function 语句定义了函数的起点和终点,在这两行之间可以加入函数的命令语句。

Access 在"过程"列表框中列出新的过程和函数的名称。

9.3.2 使用 ADO

为了举例的顺利完成,首先接受连接数据库的有效方法 ADO。

1. ADO 简介

ADO(ActiveX Data Objects)是一个自动接口组件,可以同多种编程语言结合起来使用,这些语言包括 Microsoft Visual Basic、VBScript、JScript、Visual C++和 Visual J++。通过一个简单、统一的应用程序编程接口 (API),就可以实现通过 VBA 去访问数据源。ADO 的最新版本可以单独配合 Microsoft Data Access Components 使用。

ADO 定义了编程模型,定义了访问和更新数据源所必需的一系列活动,编程模型概括了 ADO 的完整功能。

可以说,使用 VBA 编程去访问 Access 数据库的前提是必须使用 ADO。

ADO 版本与各种工具和其他应用程序(如 Microsoft® Office® 和 Microsoft SQL Server)一起安装。

2. 在 VBA 中使用 ADO

在 VBA 中使用 ADO 很简单,以 Microsoft Access 软件为例,具体步骤如下。

(1)在数据库窗口中,创建一个模块或打开一个模块,进入模块编辑状态。

(2)打开"工具"菜单→"引用"。

(3)选择列表中的 Microsoft ActiveX Data Objects x.x Library 项。

(4)至少选择下列项目:

①Visual Basic for Applications。

② Microsoft Access 10.0 Object Library(或更新版本)。

③ Microsoft DAO 3.6 Object Library(或更新版本)。

(5)单击"确定"按钮(图 9.12)。

注意:在使用 VBA 模块之前,必须做这个引用步骤,否则调试过程会出现错误。

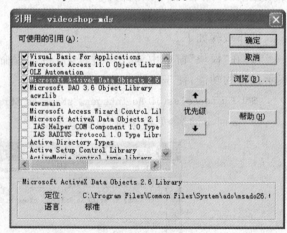

图 9.12 引用 ADO

9.3.3 指定参数

【例 9-23】 给过程添加参数。

Sub ChangeSales(ID As Integer, sName As String)

括号中的内容表示函数有两个参数:ID 和 sName,参数的类型分别为整型和字符型,分别对应"销售订单"表中的"订单 ID"字段和"经手人"字段。

注意:函数参数的数据类型一定与数据库表的数据类型匹配。可以打开表的设计视图,检查字段的类型,再选参数,函数将根据参数决定更改哪些记录,以及更改什么内容。

9.3.4 定义变量

继续例 9-23,除了定义函数参数,还应该说明其他变量,比如,作为累加计数器的变量。

【例 9-24】 声明变量。

在过程中增加以下几行,定义变量,本例采用 ADO 的方法连接数据库:

Dim cn As ADODB.Connection

Dim rs As ADODB.Recordset

Dim str As String

(1)第一行声明一个连接;

(2)第二行声明一个是数据集(不严格地说,是表的全部或一个部分)的类型;

(3)第三行声明一个字符型变量。

加入语句:

Set cn = New ADODB.Connection

Set cn = CurrentProject.Connection

Set rs = New ADODB.Recordset

(1)第一、二行将变量 cn 定义为与当前使用数据库的连接;

(2)第三行定义 rs 变量是一个新的数据集。

到目前为止,已经完成定义函数的初步工作,参见模块窗口(图 9.13)。

图 9.13 函数-变量定义

9.3.5 检查记录

继续举例,过程的第二部分是按照给定的"订单 ID"打开数据集,并对记录的"经手人"字段进行修改。如果没有对应的记录,则报告没有相关记录。

【例 9-25】 按照给定的"订单 ID"打开数据集,并修改字段。

在函数中增加以下几行：

```
str = "SELECT * FROM 销售订单 where 订单 ID = " & ID
rs.Open str, cn, adOpenKeyset, adLockOptimistic
```

（1）第一行是建立一个 SQL 的语句，目的是按给定的订单 ID 选择记录；

（2）第二行的作用是执行建立的命令语句；

（3）参数 cn 表示是打开连接的数据库中的表；

（4）参数 adOpenKeyset 和 adLockOptimistic 是数据集的打开模式，这两个参数表示这个数据集可以更新。

修改记录的字段：

```
If Not rs.EOF Then
        rs.Fields("经手人") = sName
End If
rs.Update
```

（1）"If Not rs. EOF Then"是判断条件 rs. EOF 是否不成立的语句，EOF 的到表的结尾标志的函数，如果没到结尾标志，Not rs. EOF＝True，说明所找的记录存在，否则不存在；

（2）第二行是用窗体中输入的新经手人信息更新字段的内容；

（3）Update 方法将更改后的信息写回"销售订单"表。

9.3.6　完成函数的创建

继续举例，创建函数的工作进入尾声。

【例 9-26】　关闭打开的数据集。

输入以下命令语句：

```
rs.Close
```

参见完整的过程（图 9.14）。

图 9.14　完成后的过程

9.3.7　保存模块

【例 9-27】　保存模块。

①单击工具栏上的"保存"按钮,或打开菜单"文件"→"保存"。

②输入模块名称,salesChange。

③单击"确定"按钮。

④单击"关闭"按钮,关闭创建的模块。

9.4　调试过程

完成创建过程,下一步是对函数或过程进行调试。VBA 提供了若干种调试的工具,列举如下:

(1)立即窗口。

(2)Debug.Print。

(3)设置断点。

9.4.1　使用立即窗口的方法

调试过程最常用的工具应该是立即窗口,立即窗口让调试者立即查看过程或函数的运行结果,发现问题所在。

【例 9-28】　使用立即窗口和 Debug.Print 检测过程。

①在模块编辑状态,打开"视图"菜单→"立即窗口",立即窗口出现在 VBA 编辑器工作区的底部。

②在过程中添加测试的 Debug.Print 命令,例如 Debug.Print str(在立即窗口显示变量 str 的值)。

在过程中加入一行:

```
Debug.Print "str 的值是 " & str
```

当 VBA 执行这一行后,将在立即窗口内显示如图 9.15 所示的内容。

Debug.Print 对程序没有任何影响,而且所有对象都保持原状,所以 Debug.Print 在调试程序时非常实用。

```
    If Not rs.EOF Then
        rs.Fields("经手人") = sName
    End If
    rs.Update
    rs.Close

    Debug.Print str
```

立即窗口

```
SELECT * FROM 销售订单 where 订单ID=10
```

图 9.15　立即窗口与 Debug. Print

9.4.2　设置断点

另一个测试工具是断点调试法，一般来说，设置断点是为了观察程序运行时的状态。

在程序中指定的、希望暂停的地方设置断点，在程序暂停后，可以在立即窗口中显示变量信息。

设置断点的方法如下：

(1)将光标定位在希望运行停止的命令行。

(2)打开菜单"调试"→"切换断点"，或者单击工具栏上的"断点"按钮（图 9.16）。

在运行程序时，如果 VBA 遇到设置断点的行，暂停程序运行，等待输入命令。

清除断点方法：

(1)停止程序运行，将光标定位在包括断点的行上。

(2)单击"调试"→"切换断点"，或单击工具栏上"断点"按钮。见图 9.16。

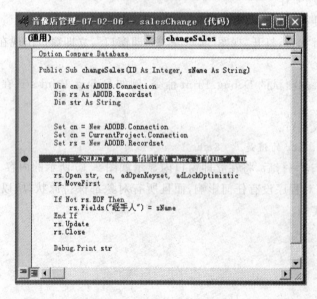

图 9.16　程序中的一个断点

练习 9.3

将第 8 章建立的"密码检查"宏,改写成一段 VBA 程序代码,密码为 PWUIBE,并利用本章介绍的方法来调试程序。

9.5　将过程连接到窗体中

完成对过程的建立和调试后,将过程连接到窗体,以便当单击命令按钮时能够执行这个过程。

【例 9-29】　使用 Debug. Print 命令检测过程。

将例 9-21 到例 9-28 建立的函数连接到窗体。操作步骤如下。

(1) 建立窗体(图 9.17),建立一个命令按钮"修改经手人",当单击按钮后,执行例 9-26设计的 VBA 过程函数。(本例是利用查询向导方法建立的订单号选择组合框,命名为 sID,输入新的经手人文本框命名为 newS,命令按钮被命名为 sChange)

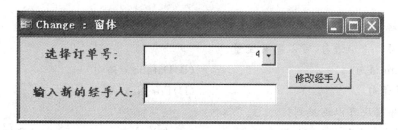

图 9.17　窗体

(2) 右击"修改经手人"按钮,单击"属性",单击"事件"选项卡。

(3) 单击"单击"属性右侧"建立" ... 按钮,打开 VBA 编辑器(图 9.18)。

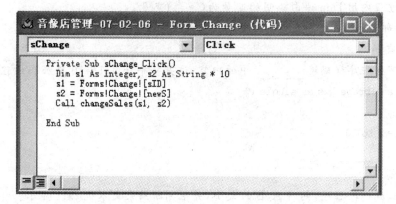

图 9.18　命令按钮的"模块"窗口

(4) 书写图中所示的命令语句。

语句的作用是：

- 在单击按钮后，将窗体中选择的订单 ID 和新的经手人名字赋予变量 s1、s2；
- 调用 9.3 节中建立的模块 ChangeSales。

(5) 单击"保存"按钮，关闭 VBA 编辑器。

练习 9.4

(1)将练习 9.3 所做的过程代码连接到密码输入窗体中。

(2)建立一个窗体，三个文本框作用分别是：第一、二个用于输入数字，第三个用于输出计算结果；三个命令按钮，单击按钮后，分别进行两个数字的算术加法、两个数字的字符串连接以及清除文本框内容操作。用 VBA 编写不同的事件过程并测试程序正确与否。

本章主要介绍了 VBA 的作用和一般编写程序代码的方法，并且介绍了如何将子程序连接到窗体当中的方法。

VBA 需要程序设计的基础，多做多练是提高编程水平的最好方法。

本章没有全面介绍 VBA 的内容，如果感兴趣，可以参考 VB 或 VBA 的相关资料。

思考题和习题

一、选择题

1. 使用(   )语句，可以定义变量。

(A)Dim 语句   (B)Database 语句

(C)Iif 语句   (D)For-Next 语句

2. 程序模块可以连接到(   )。

(A)窗体命令按钮   (B)报表对象   (C)查询对象   (D)表对象

3. 不能实现条件选择功能的语句是(   )。

(A)If... Then... End If   (B)For... Next

(C)Do While... End Do   (D)Select Case

4. 在过程内用 Dim 语句声明的变量为(   )变量。

(A)局部变量   (B)模块级变量   (C)全局变量   (D)静态变量

二、填空题

1. 为下列程序代码填_____中的内容，这是一个计算 1~10 累加和的程序。

```
DIM x as Integer, s as single
S = 0
For x = 1 to 10
  S = x _____ s
Next x
```

2. 建立就一段程序，判断 A、B 的大小，并把判断结果文本框 txt1 显示。

```
Dim a as single, b as _____ , str1 as string
a = 89.56
b = 19.34
```

```
If a> = b _____
    If a = b then
        str1 = "a = b"
    else
        str1 = "a>b"
else
    str1 = "a<b"
End If
```

_____

三、思考题

1. VBA 对变量、数据类型的规则是什么？

2. VBA 主要解决什么样的问题？

3. VBA 的优点是什么？

4. 什么是模块，模块分哪几类？

5. 简述 VBA 的三种过程。

6. Sub 过程和 Function 过程有什么不同，调用的方法有什么区别？

7. 什么是形参？什么是实参？

8. Dim、Global 和 Static 各有什么作用？

实验

练习目的

　　学习 VBA 的使用方法。

练习内容

　　1. 完成本章的练习内容。

　　2. 设计一个进入音像管理系统窗体，有输入密码文本框、一个确认按钮。

　　用 VBA 设计一段程序，当单击"确认"按钮后，执行检测密码的任务，假定密码是"publish"。

第10章

数据共享与数据库管理

Access 作为一种开放型数据库,通过其导入与导出功能,支持 Access 数据库与多种文件的数据进行数据的交换与共享。

在信息资源越来越重要的今天,如何保护有价值的数据,确保其不被破坏和偷窃,如何高效、高质地使用数据库和数据库系统,对于个人或单位来说具有实际的意义。

Access 2007 提供了一些加强数据安全的保护措施,也提供了一些较实用的管理工具。在这一章中,主要介绍如何运用这些措施和工具来加强数据库的保护,提高数据库管理的水平。

【本章要点】
- 外部数据的导入和链接
- 数据的导出
- 设置数据库密码
- 加密数据库
- 数据库实用工具

10.1 数据的共享

用户在使用 Access 的同时,希望他们原有的数据能够得到充分的利用,无论这些数据是何种格式,是由哪些程序产生的。Access 的一个优点是它可以与其他程序共享数据文件,一方面通过导入与链接功能,从外部环境中获取数据;另一方面通过导出功能,把 Access 的数据转换成其他格式的数据文件。

Access 导入和导出数据的操作集中在"外部数据"选项卡中(图 10.1)。

首先,建立并打开本章所用的数据库。

①单击"Office 按钮",然后单击"打开",在"..\数据库\第 10 章"文件夹中单击"音像店管理"。

②单击消息栏上的"选项",选择"启用此内容",单击"确定"。

图 10.1　"外部数据"选项卡

10.1.1　数据导出

Access 的导出功能能够将数据和数据库对象复制到另一个数据库、电子表格文件或文件格式，使得其他数据库或程序可以使用这些数据或数据库对象。可以将数据导出到各种受支持的数据库、程序和文件格式。比如，导出到另一个 Access 数据库、文本文件、Excel 工作表、dBASE、Lotus123 文件等。

【例 10-1】　将"产品"表的数据导出为 Excel 工作表。操作步骤如下。

①在导航窗格中选择所要输出的"学生"表。

②在"外部数据"选项卡的"导出"组中单击"Excel"（图 10.1）。

③弹出"导出-Excel 电子表格"对话框（图 10.2）；

图 10.2　"导出-Excel 电子表格"对话框

④在"文件名"框中输入或选择保存的文件夹和电子表格文件名，在"文件格式"下拉列表中选择被导出的数据文件 Excel 版本，单击"确定"按钮，导出任务完成。

⑤选择"保存导出步骤"（图 10.3），在"另存为"框中输入或选择导出步骤名称，单击

"保存导出"。

选择"保存导出步骤"之后,在"外部数据"选项卡的"导出"组中的"已保存的导出",选择已保存的导出步骤名称。可以再次导出数据,无需重复使用导出向导。

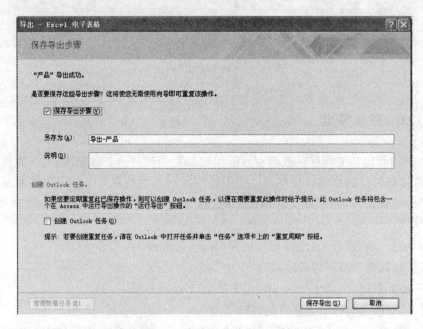

图 10.3 "保存导出步骤"对话框

10.1.2 导入与链接

导入是将数据导入到新的 Microsoft Access 表中,这是一种将数据从不同格式转换并复制到 Microsoft Access 中的方法。作为导入的数据源的文件类型包括:Microsoft Access 数据库、Excel 文件、文本文件、dBase 文件等。

链接是 Access 创建一个链接表并链接到源数据文件。这样在 Access 文件中可以查看这些数据,但不能编辑链接表的内容。

导入和链接的不同之处如下。

(1)导入:将其他程序的数据文件中的数据复制到 Access 的表中,通过 Access 所作的改变不影响原来的数据。导入后的数据与原数据无关,可以进行任何修改,运行速度比链接表快。

(2)链接:直接访问其他程序的数据文件中的数据,由源程序对数据文件所做的任何更改都会出现在链接的表中,但不能在 Access 中编辑对应表的内容。链接与原程序访问的是同一个数据区,节省磁盘的空间,同时可以利用 Access 窗体和查询工具访问数据,但速度较慢。

因此,究竟是采用导入,还是链接获取外部数据,应根据用户的需求而定。

可以从以下格式文件中导入或链接数据：

(1) Microsoft Office Access；

(2) Microsoft Office Excel；

(3) Microsoft Windows SharePoint Services；

(4) 文本文件；

(5) XML 文件；

(6) ODBC 数据库；

(7) HTML 文档；

(8) Microsoft Office Outlook；

(9) dBase；

(10) Paradox；

(11) Lotus 1-2-3。

以 Excel 工作表为例，说明导入和链接数据的一般步骤。假设有一个 Excel 工作表，名为"试验数据. xls"，包含两个工作表："前 10 年"和"后 10 年"。现将"前 10 年"作为导入的数据源，"后 10 年"作为链接的数据源。

【例 10-2】　导入数据，数据源是 Excel 文件"试验数据. xls"的"前 10 年"工作表。操作步骤如下。

①在"外部数据"选项卡的"导入"组（图 10.1）中，单击"Excel"。

②弹出"获取外部数据"对话框（图 10.4）。

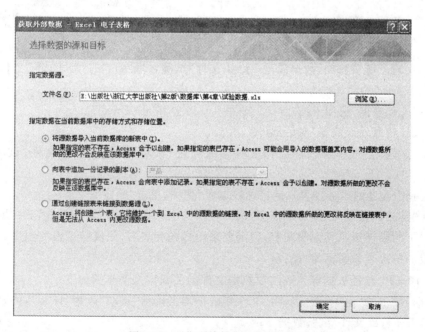

图 10.4　"获取外部数据"对话框

③在"文件名"框中输入源数据文件名或通过"浏览"找到源数据文件"试验数据. xls"。

④选择"将源数据导入当前数据库的新表中"选项，单击"确定"。

⑤在"导入数据表向导"对话框(图 10.5)中,选择导入的工作表"前 10 年",单击"下一步"。

⑥以下的操作按照导入数据表向导的说明文字,确定要采用的列标题、字段选项、主键、表名和保存导入步骤等,这里不再一一叙述。

导入后形成的表的图标与由 Access 生成的表的图标相同。

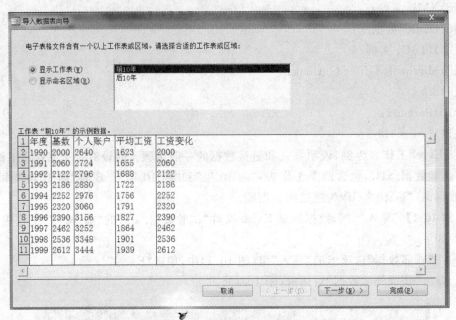

图 10.5 "导入数据表向导"对话框

【例 10-3】 链接数据,数据源是 Excel 文件"试验数据. xls"的"后 10 年"工作表。操作步骤如下。

①在"外部数据"选项卡的"导入"组(图 10.1)中,单击"Excel"。

②弹出"获取外部数据"对话框(图 10.4)。

③在"文件名"框中输入源数据文件名或通过"浏览"找到源数据文件"试验数据. xls"。

④选择"通过创建链接表来链接到数据源"选项,单击"确定"。

⑤在"链接数据表向导"对话框中,选择导入的工作表"后 10 年",单击"下一步"。

⑥以下的操作按照其说明文字,确定要采用标题和表名,完成链接表的创建。

形成的链接表的图标为 。

【例 10-4】 验证数据导入表与原数据文件的关系。操作步骤如下。

①打开导入的"前 10 年"表,将 1999 年的平均工资由"1623"改为"1630",关闭该表。

②打开 Excel 文件"试验数据. xls"。

③查看"前 10 年"工作表,你会发现 1999 年的平均工资没有变化,仍为"1623",说明导入后的数据与原数据无关。

【**例 10-5**】　验证数据链接表与原数据文件的关系。操作步骤如下。

①打开链接的"后 10 年"表,尝试将 2000 年的平均工资由"1978"改为"2000",会发现不能修改表中的数据,说明不能在 Access 中编辑链接表的内容。关闭该表。

②在 Windows 中,打开 Excel 文件"试验数据.xls"。

③在"后 10 年"工作表中,将 2000 年的平均工资由"1978"改为"2000"。

④查看 Access 链接的"后 10 年"表,你会发现 2000 年的平均工资由"1978"变为"2000"。说明由源程序对数据文件所做的任何更改都会出现在链接的表中。

练习 10.1

(1)复制"产品"表的结构,生成"新产品"表;

(2)将"产品"表导出为文本文件,然后用记事本程序打开它们,观察效果。

10.2　设置数据库密码

为数据库设置密码的作用如同在房间的大门上安装一把锁,目的是防止他人擅自进入房间,设置进入数据库密码的目的是为了增加打开数据库的难度,因为一旦打开数据库,就可以对数据库进行操作了。

10.2.1　设置密码

给数据库设置密码,应该考虑密码的内容不易被猜中,例如,不建议使用简单的数字组合、名字的拼音、生日、门牌号和电话号码等做密码。

【**例 10-6**】　设置数据库密码。步骤如下。

①单击"Office 按钮",然后单击"打开",选择要打开的数据库。

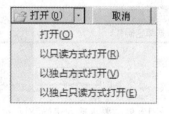

图 10.6　打开数据库的方式

②单击"打开"按钮右侧下拉按钮,显示 Access 四种打开数据库方式。

③单击"以独占方式"。

④在"数据库工具"选项卡的"数据库工具"组(图 10.7)中,单击"用密码进行加密",弹出"设置数据库密码"对话框(图 10.8)。

⑤在"密码"文本框输入设置的密码;在"验证"文本框中再次输入相同的密码。比如"dbPW",单击"确定"按钮。

图 10.7   数据库工具

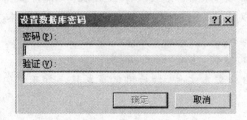

图 10.8   设置密码

注意：密码的设置是有字母大小写之分的，例如，密码 dbPW 与 dbpw 是不同的。

为安全起见，数据库闲置时，应关闭数据库；拥有密码就可以打开数据库，使用或破坏数据，修改密码，所以一定要确保密码不丢失或泄露。

10.2.2   使用密码

如果成功地设置了数据库密码，那么在没有密码的情况下是不能打开这个数据库的。

密码是与数据库一起保存的，也就是说如果将数据库复制或者移动到新的位置，密码也随之移动位置。

注意：如果忘记设定的密码，便不能再使用该数据库。为了避免这种情况的发生，最好把数据库密码记下来并保存到安全的地方，比如记录在一个保密的笔记本里。

①当打开设置了密码数据库时，Access 显示"要求输入密码"对话框（图 10.9）。

图 10.9   "要求输入密码"对话框

②输入预先设定的密码，并按"确定"按钮。

③如果密码不正确，Access 显示警告对话框（图 10.10），单击"确定"按钮，重新输入密码。如果密码准确无误，可以正常使用这个数据库。

图 10.10 提示密码错误

练习 10.2

为"音像店管理"数据库建立打开密码。注意：一定要记住密码,否则数据库就作废了。

10.2.3 撤销密码

撤销数据库密码的步骤如下。

①以独占方式打开设置了密码的数据库。

②在"数据库工具"选项卡的"数据库工具"组中,单击"解密数据库",弹出"撤销数据库密码"对话框(图 10.11)。

图 10.11 撤销密码

③在"密码"文本框中输入设定的密码,单击"确定"按钮。

注意:任何拥有数据库密码的人都可以撤销该密码。

练习 10.3

将"音像店管理"数据库的密码撤销。

10.3 数据库管理工具

Access 2007 提供一些实用有效的数据库管理工具,帮助用户进行数据库版本的转换,压缩、备份、修复和拆分数据库。

10.3.1   数据库的转换

由于 Access 版本的不同，所创建的数据库应用系统的文件格式会有所区别。在 Access 2007 中，可以将旧版本的 Access(.mdb)数据库转换成新版本的数据库格式，也可进行反向操作。

如果使用 Microsoft Office Access 2007 (.accdb) 文件格式创建了数据库，但是要与使用早期版本的 Access 数据库共享数据，大多数情况下，可以使用"另存为"命令将该数据库转换为早期文件格式。

单击"Office 按钮"，然后指向"另存为"，如图 10.12 所示。

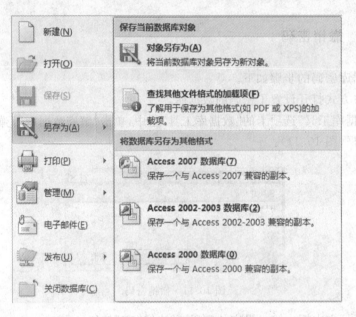

图 10.12   "转换数据"库菜单

在使用 Access 2007 时，默认情况下创建的数据库将采用 Access 2007 文件格式。可以改变创建数据库默认的文件格式。

单击"Office 按钮"，然后单击"Access 选项"按钮，打开"Access 选项"窗口，如图 10.13 所示。

在"默认文件格式"框，可以选择：Access 2000、Access 2003 和 Access 2007 格式。

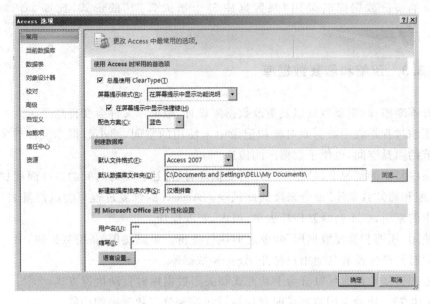

图 10.13　改变创建数据库默认的文件格式

10.3.2　备份数据库

为了恢复数据库和保护数据库,常常需要将数据库做一个副本保存起来。另外,在使用"压缩和修复数据库"命令之前执行备份。可以使用"备份数据库"命令来执行备份。

①单击"Office 按钮",指向"管理"。

②然后在"管理此数据库"下单击"备份数据库",如图 10.14 所示。

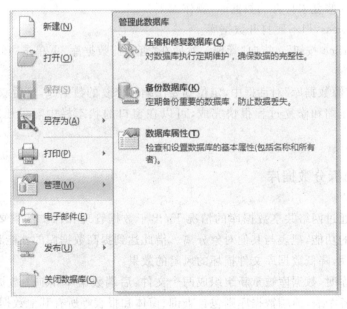

图 10.14　管理数据库

默认的备份数据库名采用"原数据库名＋当天日期"的形式,比如"音像店管理 2012-04-05"。

10.3.3　压缩和修复数据库

随着不断添加、更新数据以及更改数据库设计,数据库文件会变得越来越大。对数据库进行压缩过程是收回数据库对象和记录中未使用的空间,缩小数据库文件的大小。这样可以节约磁盘空间,也便于数据库的传递。

在某些特定的情况下,数据库文件可能损坏,风险还会随着时间的推移而增加。可以使用"压缩和修复数据库"命令来降低此风险。Access 的修复进程只尝试修复表、查询和数据库中的索引,而不会修复损坏表单、报表、宏或模块。

在使用"压缩和修复数据库"命令之前执行备份。可以使用"备份数据库"命令来执行备份。同时要确保没有其他用户打开 Access 数据库。

压缩和修复数据库可以分为手动方式和关闭数据库时自动执行方式。

【例 10-7】　启动关闭数据库时自动执行压缩和修复数据库的功能。

操作如下:

①单击"Office 按钮",然后单击"Access 选项"。

②在"Access 选项"对话框(图 10.13)中,单击"当前数据库"。

③在"应用程序选项"下,选中"关闭时压缩"复选框。

【例 10-8】　手动执行压缩和修复数据库。

如果压缩和修复当前打开的数据库,操作如下:

①单击"Office 按钮",指向"管理"。

②然后在"管理此数据库"下单击"压缩和修复数据库",如图 10.14 所示。

如果压缩和修复未打开的数据库,操作如下:

①启动 Access,但不要打开数据库。

②单击"Office 按钮",指向"管理",然后在"管理此数据库"下单击"压缩和修复数据库"。

③在"压缩源数据库"对话框中,定位到要压缩和修复的数据库,然后双击它。

数据库的压缩和修复过程很快完成,可以在窗口的状态栏中看见压缩和修复的进度条。

10.3.4　拆分数据库

在多用户通过网络共享数据库的情况下,出于数据管理和保护的需要,有时会利用"拆分数据库"的功能,把表与其他对象分离。借此达到提高数据库的性能和可用性,增强安全性和可靠性,降低数据库文件损坏的风险的效果。

拆分数据库时,数据库被重新组织成两个文件:后端数据库和前端数据库,其中后端数据库仅包含各个表,前端数据库则包含查询、窗体和报表等所有其他数据库对象。每个用户都使用前端数据库的本地副本进行数据交互,通过这种方式,需要访问数据的用户可以定义自己的查询、窗体、报表等对象,同时可以保持数据源的一致。

拆分数据库具有下列优点。

(1)提高性能

因为网络上传输的将仅仅是数据。而在未拆分的共享数据库中,在网络上传输的不只是数据,还有表、查询、窗体、报表、宏和模块等数据库对象本身。

(2)提高可用性

由于只有数据在网络上传输,因此可以迅速完成记录编辑等数据库事务,从而提高了数据的可编辑性。

(3)增强安全性

如果将后端数据库存储在使用 NTFS 文件系统的计算机上,则可以使用 NTFS 安全功能来帮助保护数据。由于用户使用链接表访问后端数据库,因此入侵者不太可能通过盗取前端数据库或佯装授权用户对数据进行未经授权的访问。

拆分数据库之前,应先备份数据库。这样,如果在拆分数据库后决定撤销该操作,则可以使用备份副本还原原始数据库。

【例 10-9】　拆分"音像店管理"数据库。

操作步骤如下。

①打开"音像店管理"数据库。

②单击"Office 按钮",指向"管理",然后在"管理此数据库"下单击"备份数据库"(图10.14),备份数据库名称指定为"音像店管理_2012-6-16"。

③打开"音像店管理_2012-6-16"数据库。

④在"数据库工具"选项卡的"移动数据"组中,单击"数据库"。启动数据库拆分器向导。

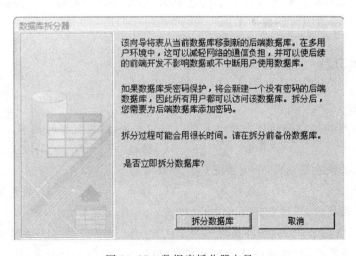

图 10.15　数据库拆分器向导

⑤单击"拆分数据库"。

⑥在"创建后端数据库"对话框中,指定后端数据库文件的位置、名称和文件类型。

⑦可以在"文件名"框中输入网络位置的路径,选择的位置必须能让数据库的每个用户访问到,比如"\\server1\share1\音像店管理_2012-6-16_be"。

⑧单击"拆分",该向导完成后将显示确认消息。

至此,数据库拆分完毕。前端数据库是开始时处理的文件,即"音像店管理_2012-6-16",只是该数据库的表的图标加上链接符号,见图 10.16。当试图修改表结构时,系统弹出禁止对前端数据库表修改的警告提示,见图 10.17。

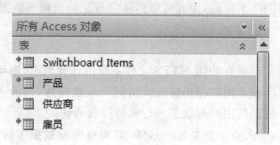

图 10.16　前端数据库中表

图 10.17　禁止对前端数据库表修改的提示

后端数据库则位于在上述过程的步骤⑦中指定的网络位置。当打开该数据库时,其对象只有表,没有查询、窗体或报表等对象。

拆分数据库后,应向数据库用户发送电子邮件,并将前端数据库文件添加为附件,以帮助用户立即开始使用前端数据库。

思考题和习题

一、选择题

1. Access 与其他程序的数据可以采用(　　)方法,实现数据的共享。

(A)导入　　　　　(B)导出　　　　　(C)链接　　　　　(D)以上 3 种方法

2. 在更改数据库密码前,一定要先(　　)数据库。

(A)独占打开　　　(B)不能修改　　　(C)打开　　　　　(D)恢复原来的设置

3. 压缩数据库时,压缩数据库对象的(　　)。

(A)非使用空间　　(B)字符串　　　　(C)字体　　　　　(D)去掉多媒体部分

4. 拆分数据库后,前端数据库的用户不可以(　　)。

(A)使用前端数据库　(B)创建查询　　　(C)创建窗体　　　(D)创建表

二、填空题

1. 可以将 Access 数据库导出到＿＿＿＿＿、＿＿＿＿＿、＿＿＿＿＿和＿＿＿＿＿等类型的文件。

2. 拆分数据库前，需要对要拆分的数据库＿＿＿＿＿。拆分数据库之后，前端数据库中保留＿＿＿＿＿对象；后端数据库中保留＿＿＿＿＿对象。

三、思考题

1. 总结导入和链接数据的异同之处。

2. Access 可以与哪些类型的数据文件进行数据的导入和导出。

3. 为数据库建立了密码后，使用其中的表还要输入密码吗？

实验

练习目的

学习数据库保护和管理的基本方法。

练习内容

1. 完成本章的实习内容。

2. 打开"罗斯文示例数据库"，了解系统是如何设计安全机制的。

3. 对"图书借阅"数据库进行如下操作。

(1)为"图书借阅"数据库设置密码。

(2)将图书表的数据导出为文本文件。

(3)拆分"图书管理"数据库。

(4)为数据库建立副本。

(5)压缩数据库。

第 11 章

综合开发示例

本书前面的章节中介绍了运用 Access 所需要的全部知识，从启动 Access 到建立数据库，从处理查询到运用 VBA 编程等各个方面。本章将运用以前所学的所有知识，以人事管理系统为例，设计和开发一个完整的数据库系统。本章不再介绍新内容，而是在各个小节中回顾以前所学的知识，达到学以致用的目的。

【本章要点】
- 确定问题和确定系统功能
- 数据分析，建立表、表之间的关系
- 建立数据库、表、查询、窗体和报表，实现系统功能

11.1 人事管理系统功能说明

11.1.1 问题的提出

某单位原来采用 Excel 管理职工的人事情况，它记录了当前的职工情况和发放工资情况。每次工资变动时，只是简单地改变当前工资数据，因此无法了解职工工资的变化情况；职工职务信息存在同样的问题，即没有记录职工职务的变动情况。另一个问题是在处理职工的退休和调离情况时，只是将他们的记录从职工表中删除，因而无法了解这些职工的历史情况。

因此该单位需要一个新的管理系统，替换原有的程序，同时希望新系统能尽快投入使用。

11.1.2 新系统的主要功能

本章将借助 Access 为该某单位开发一个人事管理系统，这个系统将能够解决如下问题。

(1)查询单位人事记录。

（2）添加新职工。

（3）记录每位职工的工资变动情况。

（4）记录每位职工的职务变动情况。

（5）生成退休职工表。

（6）生成调出职工表。

同时，需要将原有的 Excel 文件的职工的基本情况数据导入到 Access 数据库中。

11.2　数据库设计

分析人事管理系统的功能是设计数据库依据，重点考虑表的功能、属性和表的关系。这是建立信息系统的基础，需要认真分析和设计。

11.2.1　建立表

首先，创建一个"人事管理"数据库，该数据库将包括以下数据表。

1."基本情况"表

"基本情况"表中保存了职工基本信息，表的结构如表 11.1 所示。

表 11.1　"基本情况"表的结构

字段	类型	长度	主键	备注
人员编号	数字型	长整型	是	
姓名	文本型	20		必填字段
性别	查阅向导	2		数据源：自行键入
出生日期	日期型			格式：长日期
调入日期	日期型			默认值：当天函数 Date()
离职日期	日期型			格式：长日期
职务	查阅向导			数据源：职务表
电话	文本型			格式：@@(@@@@)@@@@
单位	查阅向导			数据源：部门表
工资	货币			
照片	OLE 对象			

可以在"表属性"对话框中设置有效性规则属性：[离职日期]＞[调入日期]。有关建表和字段属性的设置内容可以参见第 3 章。

2. "工资变动"表

"工资变动"表中保存职工历次工资变动信息，表的结构如表 11.2 中所示。

表 11.2   "工资变动"表的结构

字段	类型	长度	主键	备注
序号	自动编号		是	
人员编号	数字型	长整型		
工资变动日期	日期型			默认值：当天函数 Date()
变动后工资	货币			

3. "部门"表

"部门"表中保存了单位信息，表的结构如表 11.3 中所示。

表 11.3   "部门"表的结构

字段	类型	长度	主键	备注
编号	自动编号		是	
部门名称	文本型	20		

4. "职务"表

"职务"表中保存了职务信息，表的结构如表 11.4 中所示。

表 11.4   "职务"表的结构

字段	类型	长度	主键	备注
职务	文本型	20	是	

5. "退休人员"表和"调出人员"表

"退休人员"表中保存了退休人员信息，"调出人员"表中保存了离职人员信息，表的结构与"基本情况"表相同，如表 11.5 所示。

表 11.5   "退休"表的结构

字段	类型	长度	主键	备注
人员编号	数字型	长整型	是	
姓名	文本型	20		
性别	查阅向导	2		数据源：自行键入
出生日期	日期型			格式：长日期

续表

字段	类型	长度	主键	备注
调入日期	日期型			默认值：当天函数 date()
离职日期	日期型			标题：退休日期
职务	查阅向导			数据源：职务表
电话	文本型			格式：@@(@@@@)@@@@
单位	查阅向导			数据源：部门表
工资	货币			
照片	OLE 对象			

6."临时"表

"临时"表中保存处理的临时信息，表的结构与"基本情况"表相同。

可以根据第 3 章中介绍的方法，建立一个"人事数据库"，然后创建上述各表。"退休人员"表的结构与"基本情况"表的结构相同，因此可以将"基本情况"表的结构复制成"退休人员"表，然后再修改"退休人员"表的结构，将标题属性改为"退休日期"，这样可以减少建表的工作量。

表结构复制的方法如下：

①在数据库窗口中单击"表"对象。

②单击被复制的表，比如"基本情况"表，单击"复制"。

③单击"粘贴"，在弹出的"粘贴表方式"对话框（图 11.1）中提供了仅结构、结构和数据、将数据追加到已有的表等三个选项，选择"仅结构"，新表只保存原表的结构。

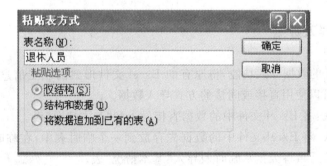

图 11.1　粘贴表方式

另外为了操作方便，设立一个空表"临时"，用于存放新员工的记录，其结构与"基本情况"表一样，可以使用下面的表结构复制方法来建立。

11.2.2　建立表之间的关系

创建了表以后,接下来准备建立这些表之间的关联。按照第 3 章中介绍的方法建立表间关联。在这个例子中,用于建立关联的字段和它们各自对应的表如下:

(1)通过"人员编号"字段,建立"基本情况"表和"工资变动"表的一对多的关系,其中"基本情况"表是"一"的一方。

(2)通过"职务编号"字段,建立"职务"表和"基本情况"表的一对多的关系,其中"职务"表是"一"的一方。

(3)通过"单位名称"字段,建立"单位"表和"基本情况"表的一对多的关系,其中"单位"表是"一"的一方。

建立了以上三个关联之后,"关系"窗口将与图 11.2 中类似。

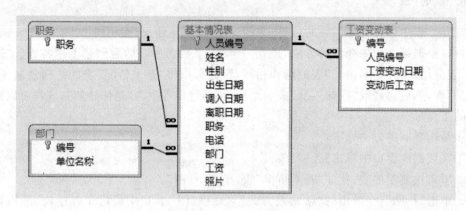

图 11.2　"关系"窗口

11.2.3　导入数据

利用 Access 的数据导入功能,将原有的 Excel 文件形式的职工信息导入到职工"基本情况"表中。可以使用直接或间接的方式导入数据。

(1)直接导入:将 Excel 文件中的数据直接导入到"基本情况"表。

(2)间接导入:将 Excel 文件中的数据先存放到一个临时表中,在临时表中对数据进行必要的修改,然后再将数据从临时表导入"基本情况"表。

练习 11.1

(1)根据表 11.1 至表 11.5 的要求,建立表。

(2)设计并建立"调出人员"表,用来保存调出人员。

(3)设计并建立"调动情况"表,用来记录员工部门变动和职务变动情况。

11.3　查询设计

根据系统功能的要求和需要,在"人事数据库"中设计的查询完成以下功能:

(1)在职人员信息。查询所有人的基本情况信息、工资变动情况。

(2)按职务增减工资。按照选择的职务,在"基本情况"表中查询到相关记录后,更新"基本情况"表的工资字段内容,并将工资变动情况追加到"工资变动"表。

(3)退休处理。按照年龄范围查询,条件是尚未退休而年龄是 60 岁以上的男士或者55 岁以上的女士,将查找到的人员基本信息记录追加到"退休"表,并更新"基本情况"表中相关字段。

(4)离职处理。按人员编号查找员工,确认此人是不是离职,确认离职,将其基本信息记录追加到"离职"表,并更新"基本情况"表中相关字段。

(5)追加新职员。将录入的新职员记录写入"临时"表,如果确认需要增加这些记录到"基本情况"表和"工资变动"表,通过追加查询将新记录分别追加到两个表中。另外。在退出本查询前,将"临时"表清空。

(6)按年龄查询。按照年龄范围查询,如果年龄是 60 岁以上的男士或者 55 岁以上的女士,就将查找到的人员的基本信息记录追加到"退休"表。并将找到记录从"基本情况"表中删除。

(7)按人员编号查找。查找的目的是确认此人是不是离职,确认离职,则将其基本信息记录追加到"离职"表,并在"基本情况"表中删除这个人的记录。

11.3.1　基本信息查询

这个查询是个无准则的选择查询,可以使用向导建立查询,数据源是"基本情况"表和"工资变动"表。操作如下。

①在"创建"选项卡的"其他"组中单击"查询向导"。

②选择"基本情况"表,选择所有字段,选择"工资变动"表,选择"工资变动日期"和"变动后工资"字段,单击"确定"。

③保存查询,命名为"基本信息查询"。关闭查询。

11.3.2　按职务增减工资

这个功能需要通过两个查询来完成,第一个查询的功能是按照职务查询"基本情况"表,给满足条件的每个人增减工资;第二个查询的功能是将更新记录写入"工资变动"表。前者要采用更新查询方法,后者采用追加查询方法。

首先建立一个"按职务增减工资"的窗体,其中包括一个组合框(txtTitle)、一个文本框(txtSalary)和一个按钮。参见图 11.3。

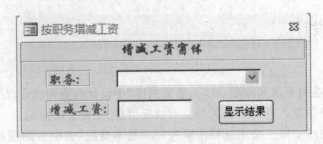

图 11.3   "按职务增减工资"窗体

1. 更新工资查询

这个查询主要完成对"基本情况"表中工资字段的更新，将原来工资加上变动的差额即可。操作如下。

①建立查询。使用设计视图建立查询，选择"基本情况"表为数据源，选择"职务"和"工资"字段。

②择查询类型。在"查询工具-设计"选项卡中，单击"查询类型"组的"更新"。

③输入查询条件。因为是按职务来更新工资，所以应该建立如图 11.4 所示的准则。在职务字段下的"条件"框中输入：[Forms]！[按职务增减工资]！[txtTitle]，表示这个准则来自窗体[按职务增减工资]的组合框[txtTitle]，这些表达式可以通过表达式生成器生成。

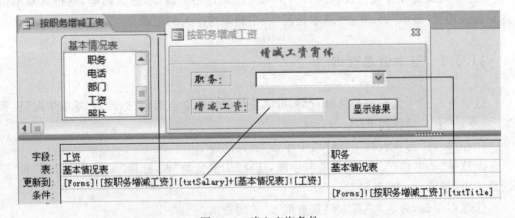

图 11.4   建立查询条件

④输入工资变动公式：在工资字段下的"更新到"框中（图 11.4）填写：

Forms！[按职务增减工资]！[txtSalary]＋[基本情况表]！[工资]

其作用是将原来的工资加上输入的差额，作为新的工资去更新"基本情况"表。

⑤保存查询，命名为"按职务更新工资"。关闭查询。

2. 追加变动工资查询

这个查询主要向"工资变动"表中追加记录,将工资变更人员的记录写入这个表,记录每个人本次工资变动的日期、变动后工资等内容,查询的数据源是"基本情况"表。在执行了前面的更新查询后,再执行本查询,从"基本情况"表中选择变更了工资的记录,追加到"工资变动"表。用当天日期作为工资变动日期,查询到的满足职务条件的人员编号作为人员编号,连同工资三项作为记录字段追加到"工资变动"表。操作如下:

①建立查询:使用设计视图建立查询,选择"基本情况"表为数据源,选择"人员编号"、"职务"和"工资"字段。

②建立查询条件:方法同前一查询,在职务字段下的"条件"框中填写:[Forms]![按职务增减工资]![txtTitle]。

③更改查询类型:在"查询工具-设计"选项卡中,单击"查询类型"组的"追加"。

④单击追加查询表的名称"工资变动"表,单击确定。

⑤在出现的"追加到"一行中,在人员编号字段下选择"人员编号"。在工资字段下选择"变动后工资"。插入一列,填写内容参见图 11.5 所示,作用是将 Date()函数取当天日期,写入工资变动日期字段。

字段:	人员编号	工资	表达式1: Date()	职务
表:	基本情况表	基本情况表		基本情况表
排序:				
追加到:	人员编号	变动后工资	工资变动日期	
条件:				[Forms]![按职务增减工资]![txtTitle]
或:				

图 11.5　"按职务追加变动工资"查询设计视图

⑥保存查询,命名为"按职务追加变动工资"。关闭查询。

11.3.3　退休处理

退休处理功能可以通过两个查询来完成。第一个查询的功能是在"基本情况"中按照年龄范围查询,如果年龄是 60 岁以上的男士或者 55 岁以上的女士,将找到的记录追加到"退休"表。第二个查询的功能是将找到记录从"基本情况"表中删除。前者要采用追加查询方法,后者采用删除查询方法。

1. 追加"退休"记录

具体做法如下:

①使用设计视图建立查询,选择"基本情况"表为数据源,选择所有字段。

②更改查询类型:在"查询工具-设计"选项卡中,单击"查询类型"组的"追加"。

③建立查询条件,如图 11.6 所示准则。表示年龄在 60 岁以上男士或者 55 岁以上女士满足退休条件。

④选择追加查询表的名称"退休人员",单击确定。

字段:	人员编号	姓名	性别	出生日期	调入日期	职务	电话	部门	工资	Year(Date())-Year([出生日期])
表:	基本情况表	基本情况表	基本情况表	基本情况表	基本情况表	基本情况表	基本情况表	基本情况表	基本情况表	
排序:										
追加到:	人员编号	姓名	性别	出生日期	调入日期	职务	电话	部门	工资	
条件:			"男"							>=60
或:			"女"							>=55

图 11.6 "追加退休人员"查询设计视图

⑤保存查询,命名为"追加退休人员"。关闭查询。

⑥执行查询,追加记录到"退休人员"表。

2. 删除"基本情况"表中已退休人员记录

使用设计视图建立查询,选择"基本情况"表为数据源,选择所有字段。

①更改查询类型。在"查询工具-设计"选项卡中,单击"查询类型"组的"删除"。

②建立退休查询条件,如图 11.7 所示。

③保存查询,命名为"清理退休人员记录"。关闭查询。

④执行查询,即可删除满足条件的记录。

图 11.7 "清理退休人员记录"查询设计视图

11.3.4 离职处理

离职处理功能与退休处理方法类似,通过两个查询来完成,第一个查询的功能是在"基本情况"表中按输入离职人员的编号查找,确认离职,则将其信息记录追加到"离职"表。第二个查询的功能是将找到的记录从"基本情况"表中删除。前者要采用追加查询方法,后者采用删除查询方法。

1. 将离职人员记录追加到"调出人员"表

①使用设计视图建立查询,选择"基本情况"表为数据源,选择所有字段。

②更改查询类型。在"查询工具-设计"选项卡中,单击"查询类型"组的"追加"。

③建立查询参数,建立如图 11.8 所示的准则,表示在查询时输入人员编号。

④保存查询,命名为"离职处理",关闭查询。

⑤执行查询,追加记录到"调出人员"表。

2. 删除"基本情况"表中离职人员记录

①使用设计视图建立查询,选择"基本情况"表为数据源,选择所有字段。

②更改查询类型。在"查询工具-设计"选项卡中,单击"查询类型"组的"删除"。

③建立查询条件和参数,如图 11.9 所示。

④保存查询,命名为"清理调出人员记录"。关闭查询。

⑤执行查询,即可删除满足条件的记录。

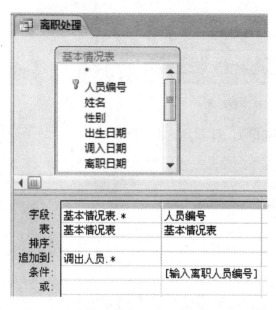

图 11.8　"离职处理"查询设计视图

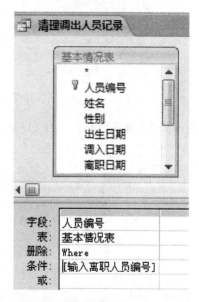

图 11.9　"清理离职人员记录"查询设计视图

11.3.5　统计工资变动情况

通过交叉表查询反映职工工资变动情况。首先建立一个由"工资变动"表和"基本情况"表形成的"变动工资查询"查询,字段包括:人员编号、姓名、工资变动日期和变动后工资。目前要建立的查询结果的行标题是姓名,列标题是工资变动日期,交叉处是变动后工资。

具体做法如下:

①在"创建"选项卡的"其他"组中单击"查询向导"。

②在"新建查询向导"中选择"交叉表查询",单击"确定"。

③选择"变动工资查询"为数据源,单击"下一步"。

④单击"姓名",作为行标题,如图 11.10 所示。单击"下一步"。

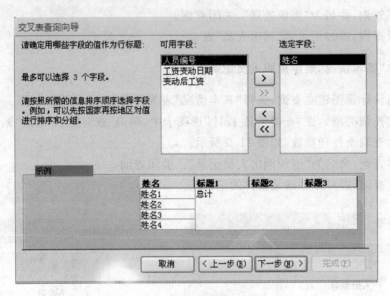

图 11.10   选择行标题

⑤单击"工资变动日期",作为列标题,如图 11.11 所示。单击"下一步"。

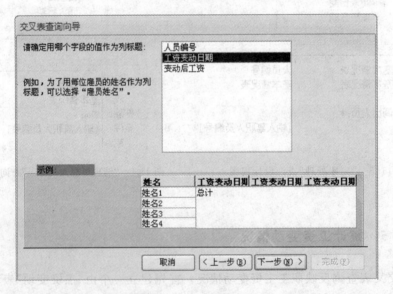

图 11.11   选择列标题

⑥单击"变动后工资",单击"第一项",选择它为交叉显示的内容,如图 11.12 所示。单击"完成"。

⑦切换到设计视图,参见图 11.13。

⑧保存查询,命名为"变动工资交叉表",关闭查询。

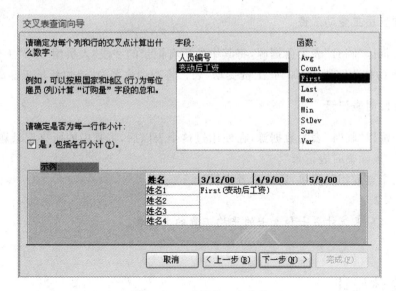

图 11.12 选择交叉点字段

字段:	姓名	工资变动日期	变动后工资
表:	变动工资查询	变动工资查询	变动工资查询
总计:	Group By	Group By	First
交叉表:	行标题	列标题	值
排序:			
条件:			
或:			

图 11.13 交叉表查询设计视图

另外还有三个查询都比较简单,数据源是"基本情况"表,分别建立:

(1)"人员查询",条件是:人员编号=[Forms]![人员变动窗体]![txtNo]。

(2)"查询退休人员",条件是:性别="男"and Year(Date())-Year([出生日期])>= 60 或"女"and Year(Date())-Year([出生日期])>=55。

(3)"显示变动工资结果",条件是:[Forms]![按职务增减工资窗体]![txtTitle], 另加一个显示字段"变动后工资":[工资]+Forms!按职务增减工资窗体![txtSalary]。

请尝试设计以上三个查询。

11.3.6 追加新职员

1.追加新员工

这个查询以"临时"表为数据源,将其中的所有记录的所有字段追加到"基本情况"表。 将查询命名为"追加新员工记录"。

2. 追加新员工变动工资

这个查询以"临时"表为数据源,将其中的所有记录的字段"人员编号"、"工资"以及系统日期 Date()作为字段,追加到"工资变动"表。将查询命名为"追加新员工变动工资"。

3. 删除临时表记录

这个查询以"临时"表为数据源,在使用过这个表以后,将其中的所有记录删除掉。将查询命名为"删除临时表记录"。

以上三个查询相对简单,留给读者来设计。

练习 11. 2

建立按部门来统计男士和女士的平均工资的交叉表。

11. 4 窗体设计

在设计"人事"数据库中的窗体时,希望使该系统的使用方法越简单越好。因此,可以设计一个主菜单窗体,并通过一个自动启动,每次在打开数据库时自动将主窗体打开。这个窗体中将包括 6 个主要选项:人员信息,工资变动,人员变动,统计信息,退出系统,退出 Access。

要实现这 6 个选项,首先在窗体上创建 6 个命令按钮,然后将运行适当窗体或报表的宏链接到命令按钮上。图 11.14 显示的是"开始"主窗体。

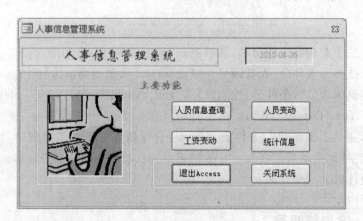

图 11.14 "开始"主窗体

11. 4. 1 人员信息窗体

当用鼠标单击"人员信息"命令按钮时将运行"人员信息"宏。这个宏中包括两个操作:Close 操作和 OpenForm 操作。Close 操作用来关闭主窗体,OpenForm 操作用来以只读模式打开"人员信息"窗体。

"人员信息"窗体通过窗体-子窗体的方式运行。子窗体中显示这位员工的工资变动情况,如图 11.15 所示。

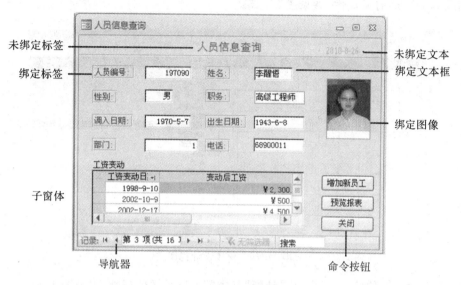

图 11.15　"人员信息"窗体

其中:

(1)绑定是指这些控件对象与数据源相连接,本例数据源为"基本情况"表。

(2)因为人员记录与其工资变动的关系是一对多的,所以选择将工资变动放在子窗体中。

(3)增加新员工按钮,其作用是:当有新加入员工信息要录入时,单击这个按钮就打开一个录入窗体。

下面将分别介绍"人员信息"窗体的设计方法。

1. 设置标题和时间显示

先进入设计视图,单击"查看"菜单,单击"窗体页眉/页脚"。

在"人员信息查询"窗体中有一个标题和一个显示时间,将它们放置在窗体页眉,这样可以保证它们不变化。

具体做法如下:

①在工具箱中单击标签图标 Aa,在窗体页眉按住鼠标左键拖动一个方框,写入"人员信息查询"。

②单击标签,利用格式工具栏调整格式,例如颜色、特殊效果等。

③在工具箱单击文本框图标 abl,在窗体页眉按住鼠标左键拖动一个方框,删除其标签。

④右击文本框,单击"属性",将默认值设为=Date(),取系统时间。

⑤设置格式,取掉背景颜色,选择"透明"。

2. 设置主体

窗体主体是放置基本信息的区域,其中要显示"基本情况"表的记录内容,所以操作步骤如下。

①双击窗体,打开属性,参见图 11.16。

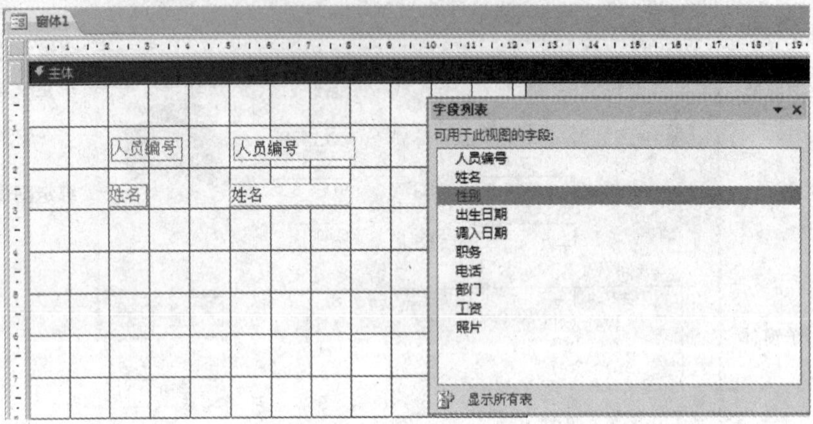

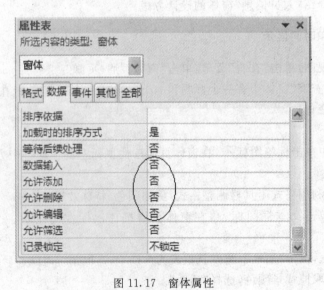

图 11.16　窗体设计视图

②在"数据"选项的"记录源"中,选择"基本情况"表,关闭属性,参见图 11.16。

③双击表中字段,自动添加到窗体网格,调整位置、格式等。

④设置窗体属性,双击窗体,调整以下属性:

- 若要阻止添加新记录,将"允许添加"属性设置为"否"。
- 若要阻止编辑修改记录,将"允许编辑"设置为"否"。
- 若要阻止删除记录,将"允许删除"属性设置为"否"。

这些属性的作用的限制对记录的操作,参见图 11.17。

图 11.17　窗体属性

⑤将窗体设置为弹出式的,将"弹出方式"属性设置为"是"。

⑥关闭窗体属性。

设置窗体属性,关闭窗体的"最大化"、"最小化"和"关闭"按钮。

3. 三个命令按钮

(1)"增加新员工"按钮

"增加新员工"按钮的作用是打开"录入员工信息"窗体,具体操作如下:

①设置工具箱的"控件向导",再单击命令按钮图标 xxxx ,按住鼠标左键在主体网格上拖动,释放鼠标。

②在出现的"命令按钮向导"对话框中,"类别"项下单击"窗体操作","操作"项下单击"打开窗体",单击"下一步"。

③单击"录入员工信息",单击"下一步",直到结束向导,单击"完成"。

(2)"关闭"按钮

①在工具箱再单击命令按钮图标,按住鼠标左键在主体网格上拖动,释放鼠标。

②在出现的"命令按钮向导"对话框中,"类别"项下单击"杂项","操作"项下单击"运行宏",单击"下一步"。

③单击"关闭人员信息"宏(这个宏有两个功能:关闭人员信息窗体和打开主窗体),单击"下一步",直到结束向导,单击"完成"。

(3)"预览报表"按钮

①单击工具箱命令按钮图标,按住鼠标左键在主体网格上拖动,释放鼠标。

②在出现的"命令按钮向导"对话框中,类别选择"报表操作",操作选择"预览报表",单击"下一步"。

③选择"基本信息报表"(在后面小节介绍),单击"下一步",直到结束向导,单击"完成"。

4. 设置工资变动子窗体

工资变动子窗体链接"工资变动表",设计方法如下:

①单击子窗体/子报表图标,按住鼠标左键在主体网格上拖动,释放鼠标。

②在出现的"子窗体向导"对话框中,"数据来源"选择"使用现有表或查询",单击"下一步"。

③选择"工资变动表",选择"工资变动日期"和"变动后工资"字段,单击"下一步",单击"完成"。

④设置子窗体属性,参见图 11.18,注意椭圆区域的设置,关闭属性。

⑤保存窗体,命名为"人员信息查询",关闭窗体。

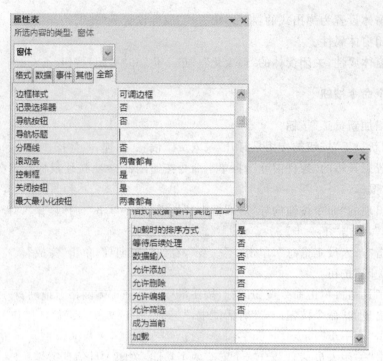

图 11.18　子窗体属性

11.4.2　设置录入员工信息窗体

这个窗体的主要用于新加入员工的信息录入,在一个员工信息录入完毕以后,记录被自动追加到"临时"表,单击"重置"按钮清除刚加入的记录,单击"保存新记录"按钮将会执行一个宏将记录写入"基本情况"表和"工资变动"表。参见图 11.19 所示的窗体。

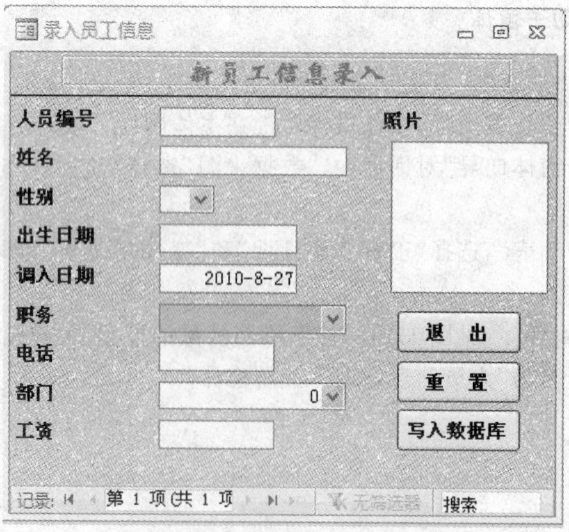

图 11.19　新员工信息录入窗体

1. 标题设计

"新员工信息录入"是窗体的大标题,将它放置在窗体页眉。

设计方法如下:

①进入设计视图,对准窗体主体右击"窗体页眉/页脚",在窗体中增加或删除窗体页眉/页脚。

②在工具箱中单击标签图标 *Aa*,在窗体页眉按住鼠标左键拖动一个方框,写入"新员工信息录入"作为窗体标题。

③单击这个标签,利用格式工具栏调整格式,例如颜色、特殊效果等。

2. 主体设计

其中的控件是绑定在"临时"表上,还有两个命令按钮"写入数据库"和"重置",设计方法如下:

①双击窗体,打开属性窗口,在数据源选项下,选择数据源为"临时"。

②设置以下属性:

- 允许添加新记录,将"允许添加"属性设置为"是"。
- 允许编辑修改记录,将"允许编辑"设置为"是"。
- 允许删除记录,将"允许删除"属性设置为"是"。
- 允许数据输入,将"数据输入"属性设置为"是",每次进入窗体显示空记录。
- 不使用滚动条,将其设置为"两者均无"。
- 不使用记录选定,将其设置为"否"。
- 设置窗体背景。
- 将窗体"默认视图"设置为"单个窗体",关闭属性。

③在窗体上添加"临时"表的相关字段,并调整位置。

④在窗体上添加"写入数据库"按钮。在出现的"命令按钮向导"对话框中,"类别"项下单击"杂项","操作"项下单击"运行宏",选择"处理新员工记录"宏,直到结束向导,单击"完成"。

⑤在窗体上添加"退出"按钮。在出现的"命令按钮向导"对话框中,"类别"项下单击"窗体操作","操作"项下单击"关闭窗体",直到结束向导,单击"完成"。

⑥在窗体上添加"重置"按钮。尝试编写一个 VBA 过程,来完成对窗体中录入内容的清除。

⑦保存窗体,命名为"录入员工信息",关闭窗体。

11.4.3　人员变动窗体

这个窗体的主要作用有 3 个:一是管理退休事件,二是处理离职人员,另一个是新加入员工的信息录入。为了操作方便,设置了一个窗体用来选择不同的事件,参见图 11.20。

图 11.20　人员变动窗体

这个窗体的特点之一是使用了选项组,特点之二是在不选择"员工离职"项目时,下半部的文本框和命令按钮就会隐藏。

1. 建立选项组

设计方法如下:

①进入窗体设计视图,在工具箱选择标签来建立标题"人员变动处理"。

②单击工具箱中"选项组" ,按住鼠标左键在窗体网格画一个方框,出现对话框,参见图 11.21。

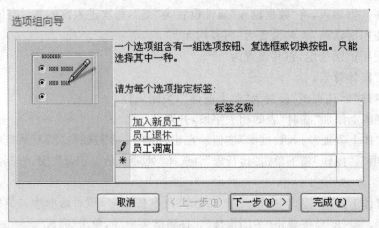

图 11.21　选项组向导

③在标签名称下分别填写如图 11.20 所示的内容,所填写的就是选项的标签,单击"下一步"。

④选择默认项目,单击"下一步"。

⑤查看顺序值,单击"下一步"。

⑥选择选项组控件类型,使用"选项"按钮,单击"下一步",单击"完成"。

⑦调整选项位置、颜色、字体等。

2.设置选项属性

对于"加入新员工"项,单击后用一个宏打开"录入员工信息"窗体。当单击"员工退休"项时,应该执行一个宏去完成"追加退休人员"和"清理退休人员"两个查询。当单击"员工离职"时,被隐藏是组合框和命令按钮显现,当选择其他项目时,再隐藏这两个控件。

具体设计如下:

(1)加入新员工

①在设计视图中,用鼠标右击"加入新员工"选项,单击"属性"、"事件"。

②在"获取焦点"属性选择宏"隐藏文本"。

③在"鼠标按下"属性选择宏"打开录入窗体",参见图 11.22。

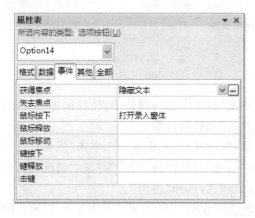

图 11.22　选项属性

④关闭属性。

(2)员工退休

①在设计视图中,用鼠标右击"员工退休"选项,单击"属性"、"事件"。

②在"鼠标按下"属性选择宏"退休窗体"。

③在"获取焦点"属性选择宏"隐藏文本",参见图 11.23,关闭属性。

(3)员工离职

①在设计视图中,用鼠标右击"员工离职"选项,单击"属性"、"事件"。

②在"鼠标按下"属性选择宏"显示文本",参见图 11.24。

③在"失去焦点"(单击了其他选项)属性选择宏"隐藏文本"。

④关闭属性。

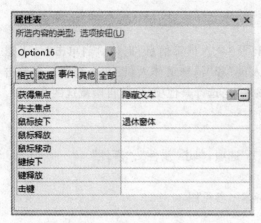
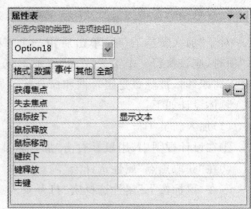

图 11.23   选项属性   图 11.24   "员工离职"选项属性

3. 添加组合框

①在工具箱单击文本框图标,在窗体网格中,按住鼠标左键拖动一个方框。
②将其标签内容更改为"选择职员编号"。
③用鼠标右击文本框,鼠标移动到"更改为",单击"组合框"。
④右击文本框,单击"属性",设置"行来源"为"基本情况"表,参见图 11.25。
⑤设置格式,取掉背景颜色,选择"透明"。
⑥将组合框名称更改为"txtNo","可见性"更改为否(隐藏),关闭属性。

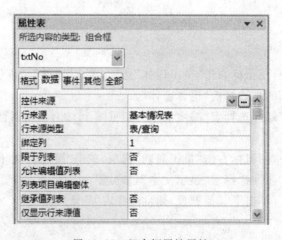

图 11.25   组合框属性属性

4. 添加命令按钮

①单击工具箱的命令按钮,按住鼠标左键在主体网格上拖动,释放鼠标。
②在出现的"命令按钮向导"对话框的"类别"项下单击"窗体操作",操作项下单击"打

开窗体",单击"下一步"。单击"人员查询"窗体,单击"下一步",直到结束向导,单击"完成"。

③更改命令按钮属性。右击命令按钮,单击"属性",将其名称更改为"cmd","可见性"设置为否,标题更改为"显示人员信息",关闭属性。

调整窗体控件位置、窗体大小。保存窗体,命名为"人员变动窗体"。关闭窗体。

11.4.4 工资变动窗体

参见图11.26是工资变动窗体,其中职务可以用组合框来选择或输入,将组合框命名为 txtTitle。增减工资多少用文本框来输入,命名文本框为 txtSalary。单击命令按钮打开"显示增减工资结果"窗体。

这个窗体的设计相对简单,请大家来设计,把窗体命名为"按职务增减工资"。

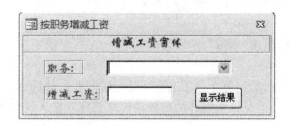

图 11.26 工资变动窗体

11.4.5 设计统计信息窗体

想利用在查询中生成的交叉表查询结果来建立按职员编号、时间来统计每个人的工资变动情况。参见图11.27。

姓名	1998-9-10	2002-6-13	2002-6-14	2002-6-16	2002-6-18	2002-10-9	2002-12-	2002-12-19	2002-12-20
李楠			¥4,907.00						
李醒悟	¥2,300.00	¥4,512.00	¥5,146.00			¥500.00	¥4,500.00		
刘雯			¥968.00						
刘小			¥1,001.00						
柳璃			¥1,234.00						
路玉			¥1,143.00						
权平			¥8,850.00						
齐平平								¥4,500.00	
齐小			¥4,505.00						
齐云					¥977.00				
王萧		¥2,449.00	¥2,452.00						
王一			¥981.00						
王一平			¥466.00						
魏雨萧				¥966.00					
武平									¥1,200.00
小乔			¥1,595.00	¥1,600.00	¥1,611.00				

图 11.27 交叉统计窗体

设置方法如下:

①单击"创建"→"窗体向导",选择数据源"查询:变动工资交叉表",参见图11.28。

②选择字段,单击"下一步"。

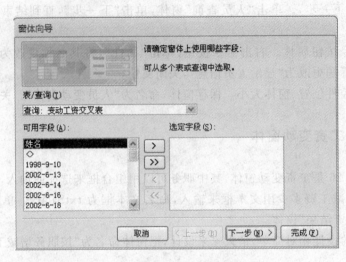

图 11.28　建立数据透视表窗体向导

③选择窗体布局,单击"完成"。

④保存窗体。

在这个窗体中,可以看出每个员工工资变动的时间和变动后金额,将其设计成了交叉显示方式,更容易观察,但是这个窗体的前提条件是要建立交叉表查询。

11.4.6　设计主窗体

在主窗体上(图 11.14)放置 6 个命令按钮,将分别运行打开其他数据库对象的宏。窗体中还包括了一个未绑定的 OLE 对象,用来显示图片。一个标签用来显示窗体标题。一个未绑定文本框,用来显示当天日期。设置方法如下:

①单击"创建",双击"窗体设计"图标,调整网格大小。

②单击"窗体设计工具"的"设计"项,单击"标题",在窗体页眉添加标题,标题内容"人事信息管理系统"。

③添加一个文本框。为其添加日期,单击"日期和时间",并选择格式,参见图 11.29。

④在窗体主体添加一个图像控件。单击"设计"中的"插入图像",并单击"浏览",选择放置图片的磁盘和文件夹,以及图片的文件名,单击"确定"。

⑤添加"人员信息"按钮,打开"人员信息查询"窗体。

⑥添加"工资变动"按钮,打开"按职务增减工资窗体"。

⑦添加"人员变动"按钮,打开"人员变动窗体"。

⑧添加"统计信息"按钮,运行"打开统计信息"宏。

⑨添加"退出 Access"按钮,执行一个"关闭 Access"宏。

⑩添加"退出系统"按钮,运行"关闭系统"宏。

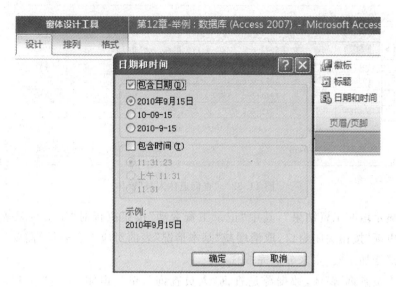

图 11.29　设置文本框的默认值

还有三个窗体,参见图 11.30、图 11.31 和图 11.32,请读者自行设计。

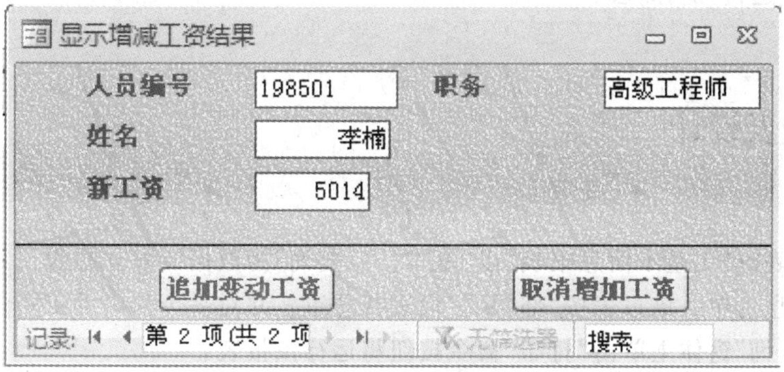

图 11.30　"显示增减工资结果"窗体

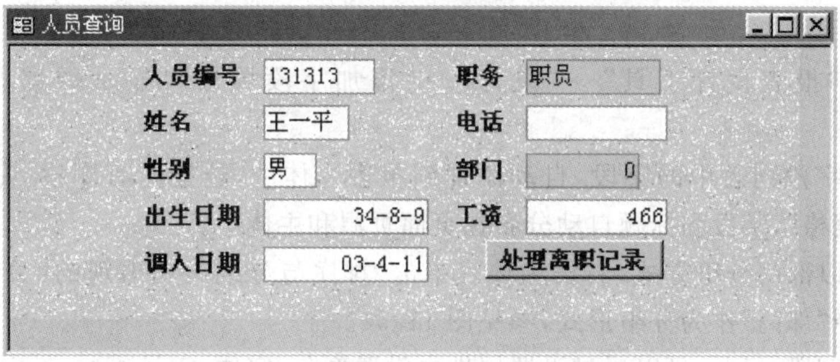

图 11.31　"人员查询"窗体

图 11.32　"查询退休人员"窗体

　　(1)"显示增减工资结果",其中"记录工资变动"按钮执行对"工资变动表"追加记录宏,"取消更新"按钮关闭窗口,取消增减"基本情况"表的对应工资表动,需要"追加变动工资"和"取消增加工资"宏来分别完成任务。

　　(2)"人员查询"窗体,数据源是查询"人员查询",单一窗体,单击"处理离职记录"按钮,运行"离职人员"宏。

　　(3)"查询退休人员"窗体,单击"取消"按钮关闭窗体,不处理退休事宜,单击按钮"处理退休记录"运行"退休"宏。

11.5　报表设计

　　设计报表"员工基本信息报表"以"基本信息查询"为数据源建立报表。显示数据表中所有人员信息清单。该报表按"部门"字段进行分组。并对每个部门的工资进行汇总。在"人员信息查询"窗体上单击"打印"命令按钮将运行该报表。

　　本次设计方法采用"报表设计",步骤如下。

　　①单击"创建"→"报表设计",右击报表设计网格,选择"报表"属性,选择数据来源"基本情况"表。

　　②单击"报表设计工具"→"设计"→"添加字段属性",显示数据源的字段,见图 11.33。

　　③双击字段列表中的字段,自动添加到报表主体中,选择所有字段,右击,单击"布局"、单击"表格",字段和标题自动分布在页面页眉和主体中。

　　④选择以部门分组方式,右击主体。单击"排序与分组",在出现的"分组、排序和汇总"窗口选择"部门"作为分组形式,参见图 11.34。

　　⑤选择字段、标题,可以通过设置属性去设置颜色、字体、字号等。

　　⑥选择报表布局,并设置页面,要特别注意纸的方向(纵向、横向),将报表命名为"基本信息报表",单击"完成"。

　　⑦预览报表,参见图 11.35、图 11.36。

⑧再调整字段标签的对齐、大小、字体和位置等格式，单击"保存"。

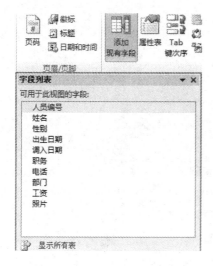

图 11.33　显示字段列表

图 11.34　增加分组

图 11.35　报表设计视图

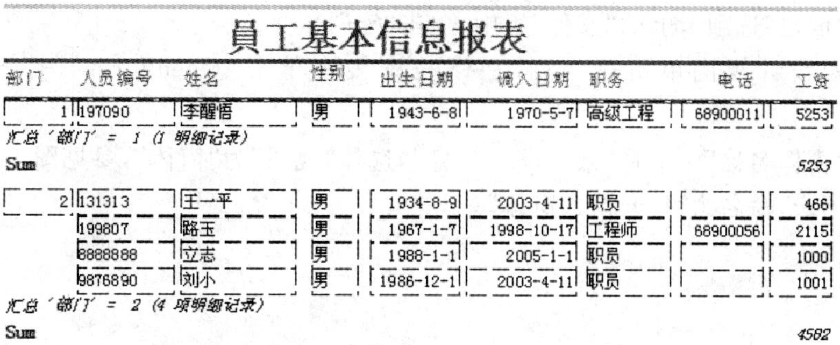

图 11.36　员工基本情况报表（局部）

11.6　创建宏

　　根据实际需要,建立如图 11.37 所示的宏。

图 11.37　信息系统所需宏

下面将介绍部分宏的建立方法。

11.6.1　设计"打开录入窗体"宏

　　①在"创建"选项卡上的"其他"组中,单击"宏"。
　　②在宏设计视图单击操作列,在下拉列表中单击"OpenForm"(打开窗体),见图 11.38。
　　③在"窗体名称"中选择"录入员工信息",选择"视图"为"窗体",参见图 11.39。
　　④关闭宏,命名为"打开录入窗体"。

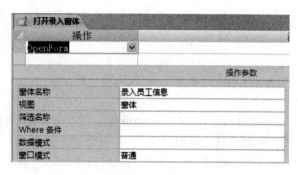

　　　图 11.38　选择打开对象　　　　　　　　　　图 11.39　设计宏

11.6.2　设计"打开统计信息"宏

①在"创建"选项卡的"其他"组中,单击"宏"。

②在宏设计视图单击操作列,在下拉列表中单击"OpenForm",见图 11.38。

③在操作属性中选择窗体名称,选择视图为数据表。

④关闭宏,命名为"打开统计信息"。

11.6.3　设计"离职人员"宏

①在"创建"选项卡的"其他"组中,单击"宏"。

②在宏设计视图单击操作列,单击"OpenQuery"。

③在"查询名称"选择"按编号追加到调出表"。

④在下个操作列表中单击"OpenQuery"。

⑤在"查询名称"列表中选择"按编号删除"。

⑥"数据模式"都选择"编辑"。

⑦关闭宏,命名为"离职人员"。

11.6.4　设计"增减工资"宏

①在"创建"选项卡的"其他"组中,单击"宏"。

②在宏设计视图单击操作列,在下拉列表中单击"OpenQuery"。

③在"查询名称"选择"按职务更新工资"。

④"数据模式"选择"编辑"。

⑤在下个操作列表中单击"OpenForm"。

⑥在"窗体名称"列表中选择"显示增减工资结果"。

⑦关闭宏,命名为"增减工资"。

练习 11.3

"退休宏"的设计方法与"增减工资"类似,分别打开"追加退休人员"和"清理退休人员"查询。请设计。

11.6.5 设计"显示文本"宏

这个宏用在"人员变动窗体",当单击"员工离职"时,显示"人员编号"文本框和命令按钮"处理离职人员记录"。由 2 条宏命令组成。

①在"创建"选项卡的"其他"组中,单击"宏"。

②在操作列下拉列表中单击 SetValue(设置值),如果没有选项,可以输入这个操作命令。

③单击项目行,弹出表达式生成器,见图 11.40。

④在"表达式元素"项下选择数据库名称,然后选择窗体。

⑤在"表达式类别"单击文本框"txtNo",在"表达式值"中双击"Visible"。所形成的表达式作用是在窗体显示"人员变动窗体"中文本框 txtNo。单击"确定"。

⑥在"操作参数"的"表达式"中填入"True"。

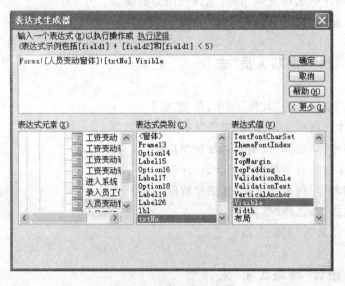

图 11.40 表达式生成器

⑦在第二行列下拉列表中单击"SetValue"。

⑧在"表达式元素"项下选择数据库名称,然后选择窗体。

⑨在"表达式类别"单击文本框"cmd",在"表达式值"中双击"Visible"。所形成的表达式作用是在窗体显示"人员变动窗体"按钮。单击"确定"。

⑩在"表达式"中填入"True"。关闭宏,命名为"显示文本"。

练习 11.4
请自己设计"隐藏文本"宏。

11.6.6 设计"新员工记录"宏

这个宏的作用是在"新员工录入"窗体中单击"保存新记录"按钮时,执行 3 个查询,即执行"追加新员工记录"、"追加新员工变动工资"和"删除临时表记录"。设计操作如下:

①在"创建"选项卡执行的"其他"组中,单击"宏"。

②单击操作列表,打开下拉列表,单击"OpenQuery"。在"查询名称"选择"追加新员工记录"。"数据模式"选择"编辑"。

③在第二操作行,单击选择"OpenQuery"。在操作属性的"查询名称"选择"追加新员工变动工资"。"数据模式"选择"编辑",见图 11.41。

④在第三行操作,单击"Close"。在操作属性的"对象"选择"临时"表(删除表记录前最好要关闭表),参见图 11.41。

⑤在下一个操作行,单击"OpenQuery"。在操作属性的"查询名称"选择"删除临时表记录"。关闭宏,命名为"处理新员工记录"。

图 11.41 宏的设计视图

11.6.7 设计"关闭系统"宏

这个的宏作用是在主窗体中单击"关闭系统"按钮,将正在使用的系统关闭,但不关闭数据库。

①在"创建"选项卡的"其他"组中,单击"宏"。

②在操作列下拉列表中单击"CloseWindow"。在"对象类型"中选择"窗体",在"对象名称"中选择"主窗体"。

③关闭宏,命名为"关闭系统"。

11.6.8 设计"关闭人员信息"宏

这个宏的作用是在查询人员信息之后,单击"关闭",要关闭"人员信息"窗体,并打开"主窗体"。

①在"创建"选项卡的"其他"组中,单击"宏"。

②在操作列下拉列表中单击"CloseWindow"。在对象类型中,选择"窗体",在"对象名称"中选择"人员信息查询"。

③在第二行操作列表,单击"OpenForm"。在操作属性中选择"窗体名称"为"主窗体"。

④关闭宏,命名为"关闭人员信息"。

11.6.9 设计"关闭 Access"宏

这个宏的作用是在主窗体中单击"关闭 Access"按钮,将正在使用的系统和数据库一同关闭。

①在"创建"选项卡的"其他"组中,单击"宏"。

②在操作列下拉列表中单击"QuitAccess"。在选项中选择"全部保存",

③关闭宏,命名为"关闭 Access"。

11.7 VBA 过程-检测进入系统密码

设计一个简单窗体,参见图 11.42,在使用者进入所建立的信息系统前,要检测密码,假定密码为 uibepw,只有输入正确了,方可进入系统。

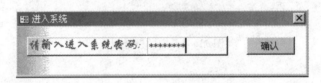

图 11.42 检测密码窗体

为了不让其他人看见所输入的密码,将输入文本框 pw 的"输入掩码"属性设置为"password"。

为做到必须输入正确密码才能使用系统和数据库,将窗体属性窗口中"其他"标签下的"模式"属性设置为"是"。

单击"确认"后(名称属性＝cmd100)应该去检测密码,一般的宏解决不了这个问题,利用学习过的 VBA 编程来实现。具体做法如下:

①在设计视图中设置"确认"按钮,名称属性为"cmd100"。

②右击按钮,单击"事件生成器",进入模块代码设计中。

③书写以下命令代码:

```
Private Sub cmd100_Click()

Dim i As Integer
```

```
If Forms! 进入系统! [pw]="uibepw" Then
    DoCmd. Close
    DoCmd. OpenForm "主窗体"
Else
    i=MsgBox("密码错误", 5)
    If i <> 4 Then
      quit
    Else
      pw=""
      pw. SetFocus
    End If
End If
End Sub
```

　　对代码做个简单的解释：将在"进入系统"窗体的文本框中输入的密码与"uibepw"比较，正确则打开"主窗体"，不正确则弹出消息框，其中提示"密码错误"和两个按钮"重试"和"取消"（5 的作用）。如果单击了"重试"按钮（i＝4），则将密码文本框清除干净，并设为焦点，提供重新输入密码的机会。单击"取消"，关闭（i＜＞4）数据库。

　　④保存代码，命名为"检测密码"。

　　⑤单击"确认"就执行这段 VBA 代码。

11.8　系统设置

11.8.1　将"进入系统"设置成启动窗体

　　①启动数据库。

　　②单击"office"按钮，单击"Access 选项"，打开"Access 选项"窗口。

　　③在"当前数据库"项的"显示窗体"框中设置启动窗体为"进入系统"窗体，参见图 11.43。单击"确定"。

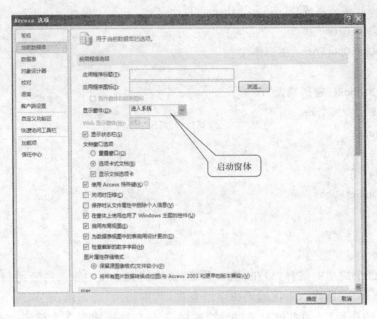

图 11.43　设置启动窗体

11.8.2　设置查询选项

为了不显示查询的提示,可以做以下设置:

在"Access 选项"窗口中,单击"客户端设置",去掉"确认"项下的 3 个选择,单击"确定",见图 11.44。

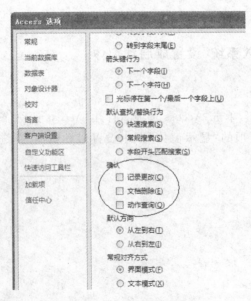

图 11.44　设置查询选项

到目前为止，一个完整的人事管理系统设计完毕。

小结：

在此例中，涉及表和表中字段的设计、各种查询方法和条件的使用、各种窗体的设计以及报表设计。并将 VBA 和宏包含在系统之中。相信读者在认真完成相关的查询、窗体和宏的练习，通过实践和总结，就能更好地理解数据库的含义，提高使用 Access 的水平。

实验

1. 完成本章练习。

2. 建立一个光盘收藏管理系统，设计相关的数据库表、查询和窗体。

3. 主要数据表包括：

(1)光盘：存放光盘的基本信息，主要属性包括光盘编号、名称、格式、购买时间、出版商等。

(2)光盘曲目：存放光盘的详细信息，主要属性包括：包括光盘编号、曲目编号、歌手、长度等。

(3)曲目表：存放曲目的详细信息，主要属性包括：曲目编号、曲名、曲作者、词作者等。

4. 主要窗体功能主要包括：

(1)主窗体。通过单击相关按钮，打开以下各个功能的窗体。

(2)窗体 2 的功能是录入曲目。包括光盘编号、曲目编号、曲名、歌手、曲作者、词作者等。

(3)窗体 3 的功能是信息查询。按名称、格式、购买时间进行查询，显示光盘的基本信息和光盘中的曲目。

(4)窗体 4 的功能是曲目查询。按曲名查询，显示所查询的曲名和歌手所在的光盘的基本信息和曲目信息。

(5)窗体 5 的功能是报表。打印各光盘的基本信息和曲目信息。

参考文献

1. 王珊,萨师喧著.数据库系统概论(第四版).北京:高等教育出版社,2006.5

2. Michael R. Groh 等著. Access 2007 宝典.谢俊等译.北京:人民邮电出版社,2008.3

3. 科教工作室编著.Access 2007 数据库应用程.北京:清华大学出版社,2008.1

4. 教育部考试中心.二级考试——Access 数据库程序设计.北京:高等教育出版社,2004.5

5. 教育部高等学校文科计算机基础教学指导委员会编写.大学计算机教学基本要求(2011 年版).北京:高等教育出版社,2011.11

6. 张俊玲主编.数据库系统原理与应用.北京:清华大学出版社,2005.9

7. 陈恭和主编.Access 数据库基础.杭州:浙江大学出版社,2007.4